経理業務や日商簿記の解答スピードが大幅アップ！

1週間で電卓操作のコツがスッキリわかる超入門

堀川 洋 著

インプレス

本書の特長

● 簿記初学者の方へ

・ 本書は、簿記を勉強するうえで必要不可欠な電卓操作についてまとめたものです。日商簿記や税理士・公認会計士試験をめざしている方にとっても最適な電卓操作の入門書となるものです。

・ より上位の簿記資格をめざしている受験生にとっては、電卓操作の習熟度が合格を左右すると言っても過言ではないほど重要なものです。将来、税理士試験や公認会計士をめざしている方はなおさら本書の内容については完璧に理解している必要がありますので、できるだけ早めに習得されることをお勧めいたします。

● 会社経理で役立てたい方へ

・ 本書にまとめられている実務計算は、会社経理の現場でも実際によくつかわれるものばかりです。完璧に習得できるまで何度でもお読みください。

・ 現在の経理実務では、パソコンソフトへの入力作業がメインの仕事になりつつありますが、電卓を一切使わないでその作業が完結するものではありません。実際に、少額の伝票計算や決算書類等の検算には、いまだに多くの経理現場で電卓がひんぱんに使用されていますので、電卓操作を習熟することが、スキルアップにも不可欠なものです。

本書は「文系女子のための電卓操作入門」を改題して、改訂した書籍になります。
本書に掲載している会社名や製品名、サービス名は、各社の商標または登録商標です。
本文中に、TM および ® は明記していません。
本書の内容については正確な記述につとめましたが、著者、株式会社インプレスは本書の内容に一切責任を負いかねますので、あらかじめご了承ください。

インプレスの書籍ホームページ

書籍の新刊や正誤表など最新情報を随時更新しております。

https://book.impress.co.jp/

●本書の利用方法

❶ 電卓をより効果的に使用したい方のために

本書は学習や仕事などのために、これから電卓を使って本格的な計算作業をしようとしている方、またすでに電卓を使ってこれらの学習や仕事をしているという方を対象にして、電卓の操作方法などを説明しています。

❷ 電卓キーの機能について

電卓にはよく使われる＋－の他にもさまざまな機能があり、どのような計算をするかにより各キーの適切な操作方法があります。全てのキーを完全にマスターしなくても、自分が仕事や勉強で使うキーの操作は知っていたほうが便利でしょう。本書はこれらをわかり易く解説しています。

❸ 簿記学習者の方

最終章に簿記学習者を対象にした電卓操作の基本事項をまとめました。必ずこれらのテクニック等を身に付けてください。

本書は簿記学習者だけではなく、広く事務系一般の仕事をしている方を対象にして、電卓操作の方法を基礎から説明しています。精読していただければ、いずれの方にも大いに役立ちます。

❹ メーカー別の電卓機能について

本書は国内の大手電卓取扱メーカーであるカシオ社とシャープ社の電卓を前提にしてその操作を説明しています。他社の電卓等多少操作機能が異なる場合はご容赦ください。

といっても、どこのメーカーの電卓でもだいたいどっちかのメーカーと同じ操作機能だから、そんなに心配しなくて大丈夫。

●もくじ

 文系と電卓の関係

- 01 なぜ数学が苦手になってしまったのか？ 8
- 02 あなたは本当に「文系」人？ 10
- 03 数学の知識は特殊な知識なの？ 12
- 04 なぜ算数や数学を勉強したのか 14
- 05 世の中、算数より暗算の方が大事 16
- 06 数学より経済的観点が大事かも 18
- 07 電卓って本当に必要なの？ 20
- 08 電卓アプリと電卓は別なもの！ 22
- 09 パソコンがあっても電卓は必要 24
- 10 パソコンでもミスはある！ 26
- 11 文系の必携アイテム 28
- 12 電卓は文系には最強アイテム 30
- 13 電卓上手はできる会社員 32
- 14 電卓は右手で操作するもの！ 34
- 15 資格試験と電卓の関係 36

 電卓キーの機能

- 01 まずはマイ電卓をGetしよう！ 40
- 02 電卓キーの紹介をします 42
- 03 電源ボタンキーはどこにある？ 44
- 04 数字を示すテンキー 46
- 05 テンキーの 5 に注目！ 48
- 06 0 と 00 キーに違いはあるのか？ 50
- 07 計算結果は ＝ イコールキーで 52
- 08 すべてを御破算にするキーもある 54
- 09 直前の数字だけを消すクリアキー 56
- 10 GT キーで総合計が出せる 58
- 11 ▶ ➡ 桁下げキー 60
- 12 サインチェンジ +/- で何かが変わる！ 62
- 13 ・ 小数点キーの使い方 64

 電卓の基本操作

- 01 テンキーの上手な打ち方 68
- 02 電卓上達の秘密は薬指にある！ 70
- 03 キー操作の練習をしよう！ 72
- 04 四則計算って何の計算？ 74
- 05 基本計算の ＋ － × ÷ キー 76
- 06 － を二度押すと逆引き算ができる 78
- 07 ÷ ÷ で分子分母を逆転させる 80
- 08 小数点キーの便利な使い方 82
- 09 ％ キーの機能 84

 数学基礎知識との関係

- 01 未満と以下の違いを知ろう 88
- 02 ついでに超と以上も説明します 90
- 03 四捨五入も確認しよう 92
- 04 切り上げと切り捨て 94
- 05 同じ数を連続して足す 96
- 06 同じ数を何度も引く 98
- 07 同じ数を次々掛ける 100
- 08 掛け算の連続技 102
- 09 難易度の高い定数除算 104
- 10 あまり使わない √ キー 106

5日目 応用操作

01	%キーでバーゲンの割引計算もOK	110
02	値上げのときの割増計算も%キーで	112
03	小数を％に換算したいとき	114
04	メモリーキーの機能	116
05	M+ M- MRC の３つのキー	118
06	M+ は基本中の基本	120
07	M+ の便利な使い方	122
08	M- はマイナス算で	124
09	複雑な計算こそメモリーで	126
10	割り切れない数字を処理する	128
11	小数点セレクターキーの使い方	130

6日目 電卓による応用計算

01	利息の計算をやってみる	134
02	利息がだんだん増えていく	136
03	飲み会の割り勘計算	138
04	仮払旅費の精算	140
05	グループを分けるなら	142
06	結婚している人としていない人	144
07	資料の中の割合を求める	146
08	割引料金の合計はいくらに？	148
09	バーゲン品の元値はいくら	150
10	見込利益を計算してみる	152
11	値引分から売値を逆算する	154
12	販売益の総額を計算する	156
13	ネットオークションで売ったとき	158
14	販売戦略を考える	160
15	大の月と小の月の区分	162
16	鶴亀算を解いてみる	164
17	営業担当者は旅人でもある	166
18	あいまいな領収証	168
19	２台のコピー機で印刷する時間	170

7日目 簿記知識の応用

01	特別な操作能力は必要ない	174
02	長大な見取算でなく細かい計算	176
03	まずはメモリーを完全マスター	178
04	数字の速読が速打を可能にする	180
05	同じ指で同じキーを押すこと	182
06	ブラインドタッチという方法	184
07	電卓の左手による操作	186

本書の特典のご案内については191ページをご参照ください。

5

登場人物

文子ちゃん
昨年、大学を卒業して経理課で働いている文系女子。
数字が苦手で、複雑な計算だとパニックになってしまうため、電卓を使いこなせるようになろうと決意。

ホーリー先生
大学生のときに電卓を使い簿記の資格を取得してから、電卓に魅了されている。現在は専門学校などで経理関係の講義をしている。

でんたくん
電卓の妖精

ハリーくん
先生の飼っている針ネズミ。
トゲっぽい発言が多い。

文系と電卓の関係

電卓を使用して何らかの計算をするということは、少なからず算数や数学に関係があります。ということは電卓操作以前にこの算数や数学の知識も必要ということになります。そこでこのセクションでは数字が苦手な方に向けて数学と電卓の関係についてお話ししたいと思います。

学習1日目　文系と電卓の関係

1 なぜ数学が苦手になってしまったのか？

　数学が苦手な人の弱点を知っていますか？ それは数学はもちろんですが、計算が大の苦手、もっとひどいと数字そのものを避けようとする点です。

　そんな数字が苦手な「文系」の味方になってくれるのが、本書で扱う電卓なのです。

そもそも中学生の頃まで数学を勉強した記憶があるだけで、高校では1年生のときに少しやったのが最後かなー。

いまの普通高校では、高1で数学を1年間やって、文系進学希望者はその後ぜんぜん数学をやっていないよね。

それに、中学生のときの数学だって、xとかyとか2乗ってなるといまとなっては何のことやら…。

あんまり難しいことはともかく、簡単な算数程度の知識は文系といえども必要だから、本書を読みつつもう一度勉強しようね。

数学が苦手な文系が出来上がるまで

こんな数学が苦手な人のことを、よく「文系」って呼んだりするね。

それじゃあ、私は間違いなく「文系」ってことになるわね。

今回はよいチャンスだから、この本を読んで、算数のことを少し思い出すことにしよう。

学習1日目　文系と電卓の関係

2 あなたは本当に「文系」人？

　学歴にあまり関係なく、また女性、男性に共通してですが、世の多くの人間は「文系」と呼ばれる人達です。
　この「文系」という分類は、ひとことで言えば、数字に弱い、計算が苦手という意味で使われているのではないでしょうか。

私の友達もみんな文系だよ。文学部だったり経済学部（けいざいがくぶ）だったり、家政学部（かせいがくぶ）の子もいるよ。

そもそも、理科系の人は、特殊な会社や特別な場所にしかいないからね。

でも、何か文系ってみんな同じっていう、特徴のないイメージあるよねー。

まあごくごく普通だと考えれば、変なコンプレックスを持つ必要はないけどね。

🥕 あなたの文系度をチェックしてみよう

NO.	○	質　問　内　容
1		54 － 26 ＝ ？　答えが直ぐ出ない
2		食事のときの割り勘は言われた金額をだまって出す
3		買い物ではお札を出し、財布は小銭だらけ
4		いつも夢を見る、寂しがりな人だと思う
5		友人の中には、異性の友人もかなりの数いる
6		スマホの地図の方角や距離がわからない
7		仕事、就職は金融や商社系を希望しない
8		バーゲンの 30% off の金額がすぐ計算できない
9		友人にケチだと言われることがある
10		貯金したいけどお金が貯まらない
11		安ければ、交通費が多少高くてもバーゲンに行く
12		必要もないのに、いつもコンビニに行ってしまう
13		友人とのお金の貸し借りが、あまり気にならない
14		財布の中に不要なレシート等が入っている
15		残業代等を含めて今月の給料の振込額を知らない

だいたい○が 8 項目以上で「文系」。10 項目以上なら 100%自信を持って「文系」っていえるね～。

学習1日目　文系と電卓の関係

3 数学の知識は特殊な知識なの？

　そもそも一般的な社会生活を送るうえで、算数や数学の知識は小学生レベルの足し算や掛け算などの知識があれば困ることはありません。
　そう考えると、これからも難しい数学的な知識は必要ないのではないでしょうか。

一般的な知識としては、足し算や掛け算ができれば生活していくうえでは困らないよね。

お給料を貰って、それを使って生活しているくらいなら方程式なんて考える必要はないもんね。

でも、よく耳にするのが、お母さんになって小学生の子どもから算数の宿題の質問をされたときに結構困るらしいよ。

何かインターネットでもそれらしい質問って多いよね。
怖い怖い。

大人としてのプライドを保てるのか

　文系でなくても分数の割り算の方法を知っているという大人は少ないです。正しくは以下のように求めます。

$$\frac{6}{8} \times \frac{4}{3} = \frac{24}{24} = 1$$

分母分子を逆にする

掛け算

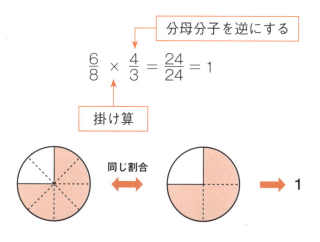

学習1日目　文系と電卓の関係

4 なぜ算数や数学を勉強したのか

　算数は小学校で6年間、中学校では数学を3年間、さらに高校ではイヤイヤながら1年間と合計で10年近く勉強をしたはずです。
　でも、いまや残っている知識はほぼゼロ…。いったい何のために算数や数学の勉強をしたのでしょうか。

数学は生活の中で少しは使っているから、学生の頃ほどじゃないけどまだ覚えてるほうかも。それよりもっと何も覚えていないものってたくさんあるよ！

漢文　古文　物理　地理

…雲消霧散！

それって、学校で習ったことのほぼ全てってことじゃないの。

えへへ。あの頃はそれはそれで試験もあったから勉強はしたんだけど…もうすっかり忘れちゃいました。

📝 方法や手順を考える訓練のため

　算数に限りませんが「なぜ勉強するのか」「どうして算数の勉強をしなければならないか」子どもの頃に多少なりとも悩んだりしませんでしたか。

　数学などの知識は、大人になってから必要ないように思えます。しかし、算数や数学の勉強は正解を導き出す方法や手順を考えるための大切な訓練だったのです。

example

A・B組の人数はそれぞれ何人？
　　ヒント：A組－B組　　＝25人
　　　　　A組－B組×2＝10人

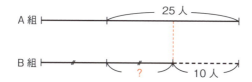

Ans.　A：40人、B：15人

　このように正しい答えを導き出すために物事を順序立てて考え、推測することに数学を学ぶ理由があったのです。

学習1日目　文系と電卓の関係

5 世の中、算数より暗算の方が大事

　毎日生活していて計算でいちばん使うのは暗算（あんざん）です。
　暗算は、買い物のときやちょっとした時間などを計算するときにできると便利です。

いつもコンビニで買い物してレジに行く前に 1,000 円札で足りるかどうかで考えているんだよね。

お金のことより、体重の方を心配した方がいい内容だね。

だって女子は夕方になるとストレス溜（た）まるし、夕食くらい好きなもの食べていいじゃないですか。

暗算は訓練で身に付く特殊技能

文系の中にだって、数学は苦手だけど暗算は得意という子もいるということだね。

学習1日目　文系と電卓の関係

6 数学より
経済的観点が大事かも

　算数や数学は算式を立てたり、応用問題を解いたり、独特の法則を憶えたりして勉強しました。たしかにこれらにより、根本的な数やお金の計算ができるようになりました。

　ただ、大人になると算数や数学の知識以上に、お金に関する経済的なものの考え方が大切になってきます。身の回りのお金にまつわる経験を活かして、経済的観点をみがいていきましょう。

文系だから、数字には少々弱いというのは認めるけど、お金のことはちゃんとしているつもりだよ。

当たり前だけど、文系だからお金の管理がきちんとできないっていうのは、迷惑な誤解だよね。

算数や数学＝お金の管理ってことじゃないもんね。

お金のことは算数や数学で身についたものじゃなくて、大人になるまでの経済的な経験で身につくものだからね。

🖋 知識は経験から身に付くもの

　大人になるまで、また大人になってから、その知識はいろいろな場所で経験により身につきます。

🖋 経済的な知識はどこから

　いろんな経験が私たちの知識を育んでいますが、それではお金にまつわる知識はどんな経験から得られるのでしょうか。

　それは子どもの頃のお小遣いやお年玉、おつかいなどに始まり、大人になるとお給料を貰ったり、生活費などを管理することが、この経験にあたります。

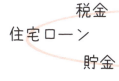

学習1日目　文系と電卓の関係

7 電卓って本当に必要なの？

　現在はパソコンはもちろん、みんなスマートフォンを持っていて、アプリを使えばなんでもできます。そんな時代に、わざわざ電卓を使って計算をする必要はない気がします。
　でも、電卓はパソコンやスマホと違って、計算のための重要なビジネスツールなのです。

電卓って家でも、会社でも、どこにでもあるけど何だか、"昔の道具"って感じよね。

たしかにビジネスの世界で使われてから50年近く経っているから、そんな印象もあるよね。

あらためて、わざわざ電卓の操作方法なんてちょっと大げさなんじゃないかなー。

ただ、ビジネスの世界や資格試験を考えると、電卓はまだまだとても大事なツールなんだよ。

電卓がなくてもどうにかなるけど…

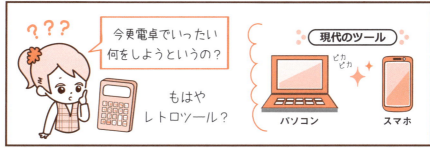

確かにパソコンもアプリも便利だけど、電卓だって大事なんだ。特に経理や簿記の世界では電卓操作は必須技能だよ。

学習1日目　文系と電卓の関係

8 電卓アプリと
電卓は別なもの！

　ちょっとした計算をスマホの電卓アプリで計算することはありませんか？食事のときの割り勘や買い物のときなど、スマホの電卓アプリで簡単に計算できるので大変便利です。

スマホの電卓アプリって凄く便利で、どこででも簡単に使えるだろ。

私なんか暗算とかもダメだから、ついついスマホ出して、何でも計算しちゃうんだ。

私もいつも小さな電卓を持っているけど、何かちょっとした計算をするときはスマホを出すよ。

だったら電卓をわざわざ持ち歩かなくたっていいんじゃない？

電卓はこんな場面で使われる

ちょっとした計算はスマホでOK。でも、スマホではNGの場面もあります。

スマホはプライベートな場面では便利だけど、仕事のときに、お客さんや上司の前でスマホの使用は避けたほうがいいかもね。アプリと電卓は上手に使い分けよう！

学習1日目　文系と電卓の関係

9 パソコンがあっても電卓は必要

　デスクワーク等、仕事の場面では、パソコンなしというのは考えられません。現在多くの業務(ぎょうむ)はパソコンが処理してくれます。
　ただパソコンに入力する前に基本データなどを電卓で集計するような作業もたくさんあります。

私の会社のデスクにはパソコンしかなくて、1日中パソコン操作しているから、肩が凝っちゃって大変なんだ〜。

現代では、事務の仕事＝パソコン操作っていうのが常識になっちゃったよね。

でもね、引き出しにはちゃんと電卓も入っていて、よく使うよ。

パソコン入力前のちょっとした計算などには、やっぱり電卓って必要だよね。

📝 電卓を使う仕事もたくさんある

　最終的な集計管理はパソコンで行いますが、その前の事前計算はほとんど電卓で行います。

〈営業の交通費精算〉

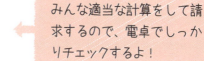

みんな適当な計算をして請求するので、電卓でしっかりチェックするよ！

〈バイト代の計算〉

バイト代　A君
時給＠870円×28.5時間
交通費＠840円×7日分

時給分と交通費を合計して、各人別のバイト代を計算するよ！

〈納品書の集計〉

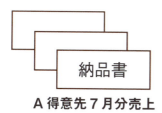
A得意先7月分売上

パソコンで集計するけど、原本と合わせて再チェックするときは電卓を使うよ！

学習1日目　文系と電卓の関係

10 パソコンでも ミスはある！

　パソコンはパーフェクトのはずです。ただ、ときどき機嫌が悪いとフリーズしてしまったり、エクセルなども算式設定のミスから、自分の思っていた計算結果が出ないこともあります。
　故障はともかく、入力ミスを探すときには電卓を使って検算するよう心がけましょう。

パソコンを信じて入力作業をしていて、後で大きなミスに気が付くことってないかい。

私もよく数字の桁数を間違えて、先輩にチクチク言われることがあるよー。

だいたい、これってコンピュータのミスじゃなくて、人間の入力ミスなんだよね。

そういうミスっていうのは、見つけるとき電卓を使うといいんですね。

検算はやっぱり電卓が確実です

　パソコンに入力したものと元の資料の数値(すうち)が違うことはよくあります。パソコンにミスはないはずです。となると、やはりミスは人間によるものが原因です。パソコンに入力した数字が原本と異なる場合は、各計算ごとに電卓を使って検算することが大切です。

　電卓もパソコンもキーボード操作のミスには要注意だね。

11 文系の必携アイテム

　バッグの中にはたくさんのプライベート・グッズが入っていると思います。
　もしそのグッズのひとつに電卓が入っていれば、あなたはエッジの利いた「文系」ということになります。

営業とかで得意先を回るような人はやっぱり電卓とか持っているよね。

お客さんの前でちょっとした計算をやるときにスマホを使うのはマナー違反だしね…。

でも、いまは基本的にスマホがあるから、普通の人は電卓って使ったことないんだよ。

まあ仕事の内容とかによるんだろうけど、持ち歩いている人がいたらやっぱりエライよね。

📝 電卓も会社員必携グッズ

スマホの電卓アプリはあくまでもプライベート用。軽い文系と思われないためにも、得意先や上司の前では必ず電卓を使って計算しよう。

学習1日目　文系と電卓の関係

12 電卓は文系には最強アイテム

　文系と電卓の関係は、仕事や受験勉強だけでなく長い間続きます。

　それは、家計等を考えると財布の管理、お金の出入りの計算にはどうしても電卓を使うからです。

　さらに将来は子どもに算数の勉強を教えるときにも、電卓が必要です。

なぜ文系と電卓という関係が成り立つの？

それは、仕事でも、家計を守るという意味でも、人の一生がお金や数字と深く関り合っているからなんだ。

ふむふむ。そう言われてみると確かにそう思うわー。

いつも電卓を使って必要なことを細かく計算できた方が、効率よく無駄のない人生が送れるということなんだ。

事務系業務から生活費管理まで

社会人としても家庭や子どもの親としても、電卓はとても便利で重宝（ちょうほう）されるツールです！

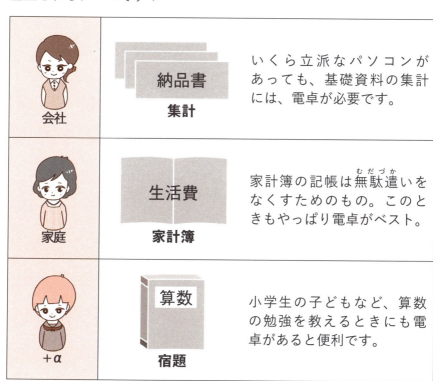

会社	納品書 集計	いくら立派なパソコンがあっても、基礎資料の集計には、電卓が必要です。
家庭	生活費 家計簿	家計簿の記帳は無駄遣い（むだづかい）をなくすためのもの。このときもやっぱり電卓がベスト。
+α	算数 宿題	小学生の子どもなど、算数の勉強を教えるときにも電卓があると便利です。

パソコンやスマホがあるけど、さっと取り出してすぐに使えるツールとして、人が電卓を使う場面はとても多いんだ。

DAY 1 文系と電卓の関係
DAY 2 電卓キーの機能
DAY 3 電卓の基本操作
DAY 4 数学基礎知識との関係
DAY 5 応用操作
DAY 6 電卓による応用計算
DAY 7 簿記知識の応用

学習1日目　文系と電卓の関係

13 電卓上手はできる会社員

いまやパソコンのキーボードは速く打って当たり前。でもさらに電卓も速打(はやうち)ができれば、それはエッジの利いた文系ということになります。

そうなれば職場でもちょっと目立てるかもしれません。

いまって、子どもの頃からパソコンに触っているからキーボード操作ってみんな凄く速いよね。

私なんか不器用だから両手の人差指で操作するのがやっとだけどね。

でも電卓となると、速打(はやうち)をしている人なんて私の周りにはいないなー。

大学の簿記の先生や、会社の経理にはすごい人もたくさんいるんだ。電卓操作に慣れたら、速打もできるようになるからね。

🖊 キーボード操作と電卓操作

パソコンキーボードはお手の物という人は多いと思います。

これに加えて電卓も華麗に操作できれば、それはワンランク上の人ということになりますね。

ぜひともこの本をよく読んで、電卓操作も上手なできる会社員を目指しましょう。

> なにごとも経験が実ってその人の技術になっていくよね！はじめはキーの配置などに慣れなくて苦戦するけど、めげずに電卓を使ってものにしよう！

学習1日目　文系と電卓の関係

14 電卓は右手で操作するもの！

　最近、比較的大きな電卓を両手で包み込むように持ち、両手の親指2本だけで操作をしている人をよく見かけます。
　これは、はっきり言って間違った電卓操作方法です。
　せっかくですからこの本を読んで正しい電卓の使用方法をマスターしましょう。

> スマホってみんな左手で持って、右手の人差指で操作しているよね。

> 電卓も本当はそうやって操作してほしいんだけど、両手でやっている人もけっこう多いんだ。

> それって電卓が大きすぎるからじゃないのー？　だって小さい手の人もいるんだよ。

> それだけが理由じゃないような気もするんだけど…。とにかく電卓は、基本的に右手のみで操作することを心がけること。

🥕 なぜ電卓を両手で操作するの？

せっかく人前で電卓を使うのに、正しい操作をしなければ元も子もないよね。スマホと同じように、左手で持ち、右手でキー操作をしよう。

学習1日目　文系と電卓の関係

15 資格試験と電卓の関係

　あなたはいま、何か資格がほしいと考えていませんか？
　多くの文系が目指す簿記やファイナンシャルプランナー（ＦＰ）は、受験勉強のために電卓が必要です。

大学の就活のときも、社会人になったいまでも、やっぱり資格のことって気になるんだ。将来役に立ったり、キャリアアップになる可能性もあるからね。

文系って言っても、やっぱり大学のブランドや現在の仕事だけでは、将来が不安な時代だからね。

将来のことを考えると、ひとつくらい資格を持っていた方がって気がするんだ。

文系の狙うライセンスで人気なものは右のとおりで、だいたい決まっているね。

文系の人気ライセンスは？

自動車、TOEIC、漢字検定っていうのもあるけど、それ以外の人気ライセンスベスト10は以下のとおりです。

順位	資格名
1位	簿記検定
2位	ファイナンシャル・プランナー（FP）
3位	サービス接遇検定
4位	MOS（マイクロソフトオフィススペシャリスト）
5位	秘書検定
6位	カラーコーディネーター
7位	証券外務員
8位	医療事務
9位	統計検定
10位	行政書士

簿記やFPは電卓を使う資格だから、電卓の操作能力が合否に関わってくるんだ。

Column

現在は計算もスマートフォンの時代

　皆さんはスマートフォンを常時携帯しているはずです。どうでしょうかその用途は様々でラインやゲームなど各人各様です。ただスマートフォンを電卓の代用として使用するということは多くないと思われます。ましてや学生であれば、ビジネスには関係していないこともあり、その操作をすることは皆無ではないでしょうか。

　しかしビジネスマンにとってスマートフォンは重要なビジネスツールです。とくに何らかの計算をする必要があるときにはスマートフォンの電卓機能は大変に便利です。ただこれも上司やクライアントの面前で使用するとなると迅速でミスのない操作をしなければビジネスマンの能力が問われることになります。

　本書では簿記関係の資格試験以外にも電卓の役に立つ使用方法を紹介していますから是非参考にしてください。

2日目
7 days challenge

電卓キーの機能

電卓にはよく見ると30個前後の操作キーがあります。電卓は足し算と引き算しかできないわけではありません。これ以外にもいろいろな計算をすることができます。このセクションでは複雑な電卓操作の説明の前に、まず各キーの基本的な働きを説明します。説明を読みながら各自の電卓の操作を確認してください。

学習2日目　電卓キーの機能

1 まずはマイ電卓を Getしよう！

　電卓とスマホをわかり易（やす）い例（れい）でたとえるなら、スマホの電卓アプリはボーイフレンドで、これに対して電卓は彼氏という関係になるかもしれません。
　さてそれならば、恋人選びのポイントは何でしょう。

昔は3高とか言って、恋人選びの基準があったんだ。

ははは。いまはそんなのあんまり関係ないわよ。だいたい恋人とはいっても、要は電卓選びのハナシでしょ。

はい…。電卓選びのポイントには、画面の大きさや、電卓が自分の手にフィットするかどうかなど、いろいろあるんだよ。

私も電卓買おうと思っているんだけど、どんなのがいいのかなー。

自分に合う電卓を手に入れる

正しい電卓選び10のポイント

	注意事項	詳細
1	マイ電卓	中古でもいいので必ず自分専用を手に入れる
2	大きさ	女子にはあまり大きな電卓は不向き
3	表示窓	数字の表示窓はほどほどの大きさで
4	桁数	10～12桁でOK、ちなみに12桁は1,000億
5	00 000	0 以外に 00 000 キーがある
6	メモリー	M+ 等のキーがある
7	サイレント	キーを押してもガチャガチャ音がしない
8	速打用	キーロールオーバーと言って速打機能がある
9	メーカー	大手メーカーのカシオ、シャープ製がお奨め
10	受験用	簿記ライセンス受験用なら会場持ち込み可のもの

キャラ物・色物等は絶対ダメ

あくまでも仕事用・受験用だからね

まとめ

もしマイ電卓を購入するならネットではなく、必ず自分の手で電卓を触って選ぶこと。

学習2日目　電卓キーの機能

2 電卓キーの紹介をします

電卓にはだいたい 30 個前後のキーが 3 ～ 5 色できれいに配列されています。これまで のキーだけしか使っていなかったかもしれません。

このセクションではそれぞれのキーの機能を説明します。まずは各キーの名称を紹介します。

パソコンのキーもたくさんあるけど、電卓のキーも結構あるよね。

だいたいどの電卓も 30 個位のキーがあって、それぞれの働きがあるんだ。

全部ちゃんと使えるようになったら、電卓マスターになれるね。

うんうん。なかにはまったく使わないキーもあるんだけど、簿記や会計の勉強には欠かせない機能もたくさんあるからしっかり覚えてね。

電卓のキーはどうなっているのか

電卓キーの位置はメーカーにより多少異なります。下記はC社のもっともスタンダードなタイプのものです。

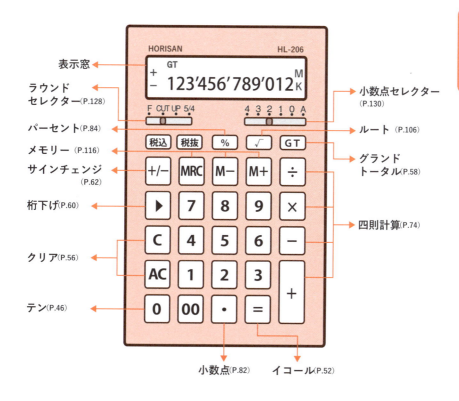

まとめ

C社とS社では ✕ キー等の位置が違うので、購入時は自分の手で操作しやすい方を選んでください。

学習2日目　電卓キーの機能

3 電源ボタンキーはどこにある？

　電卓はなにもしないで置いておくと、当たり前ですが表示窓には何も表示されずに、OFF の状態です。

　現在の電卓は、何もしなければ電源は自動的に切れるため、基本的に OFF のキーはありません。

　ただし電源を入れる ON のキーは必ずあります。

電卓ってほっておくと自然に電源が OFF になっちゃうよね。

使わないときは、自動的にOFFになってソーラー機能で充電し、省エネモードになっているよ。

そして使うときは、特別に ON キーがあるわけじゃなくて、AC キーや CA キーが ON キーを兼用しているよ。

無駄なく、キーの兼用までしているってわけね！

🖋 スイッチONは C キーと兼用

ONのキーは AC や CA のキーと兼用されていて、電卓を使うときにこのキーを押せばスイッチがONになります。

またONのキーは C に関係するキーの中にありますが、この C のキーには次のような機能があります。ただC社とS社には違いがあります。

C キーの表示

キーの表示		機　　能
C社	S社	
－	CA	入力したすべての数字を消去
AC	C	メモリー機能以外の消去
C	CE	直前入力情報の消去

昔はスマホとおなじで、電池切れということもあって、よく困ったものでした…。

まとめ 📝

とにかくパワーオフし忘れて、電池切れになるという心配はありません。

また AC や CA 等のクリアキーの機能は後で紹介することにします。

学習2日目　電卓キーの機能

4 数字を示すテンキー

　電卓の中心になるのは、何と言っても 0 から 9 を示す数字の10個のキーです。電卓のこの数字キーのことを「テンキー」と呼びます。数字の配列についての「なるほど〜」があるのでご紹介します。

電卓は中央に 0 から 9 までの数字のキーが並んでいるよね。

数字のキーは0から9まであるよね。そこで英語の「ten」から転じてテンキーと呼ばれるんだ。

よく見ると 0 と 00 で、 0 だけ2種類キーがあるから、全部で11個が正しい数だと思うけど…。

厳密にはイレブンキーってことになるのかね？

数字の配列をよく見てみよう

電卓のテンキーは一番下の左側から 1 ～ となっています。

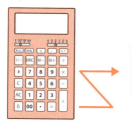

人間工学的な配列による理由なんだ

でも、テレビのリモコンやスマホは上の左側から 1 ～ となっています。

誰もが操作するので上からのほうが、わかりやすいよね

まとめ

普段から両方触(さわ)っていますが、案外このキーの配列には気が付いていないものです。
ちなみにこの「人間工学的配列(にんげんこうがくてきはいれつ)」というのは、アメリカのNASAが開発したことのようです。

学習2日目　電卓キーの機能

5 テンキーの に注目！

　0 から 9 までのテンキーですが、実はそれぞれのキーの形を見ると、中央にある 5 だけはちょっと形が違うのがわかります。
　この 5 だけ形が違うことにも実は理由があるのです。

 そう言われてよく見るとたしかに 5 だけは他のキーと表面の形が違うよね〜。

 中央が少しだけ高くなっているね。これは、数字の配列と同じで人間工学的な理由からこのようになってるんだ。

 5 は電卓のポジションキーで、ここを起点に指を動かすと使いやすくなるんです！

 そのとおり。迅速に、電卓を打つためにも常に 5 のキーに中指を添えるように意識しよう。

🖋 電卓にもあるポジションキー

パソコンの操作キーボードに両方の手をおくときポジションキーというのがあるのを知っていますか？ 一般的には下記の A ～ F を左手で、 J ～ + に右手をそっと置いてから操作を開始します。

このために、 F と J のキーにはちょっとした凹凸があります。

電卓の5のキーの突起もこのキーに中指を置いて、操作を始めるための、ポジショニングのためのものなのです。

自然にこのクセが身に付けば立派な電卓人間といえます！！

まとめ 🖋

電卓を出したらまず、この 5 に中指を置くことが基本だということです。

学習2日目　電卓キーの機能

6

電卓には [0] キーと [00] キーの２つがあります。

特に [00] キーは桁数の多い数字でゼロがたくさんあるときに、その入力を簡単にするためのものです。

上手に使い方を区別しないとミスも多くなるので気をつけましょう。

 電卓で数字を入力するときに、こんなことがよくあるよね。

¥18,000,000
¥ 2,800,000　　ゼロがたくさん並んでる

[1][8][0][0][0][0]…[0] ➡ 押すのが大変！

 こんなときに [0] と [00] キーを上手く使えば、簡単に入力をすることもできるよね。

 今は [000] キーのある電卓もけっこう多いんですよ。

✒ ゼロが何個並んでいるかで判断する

数字の読み取りに慣れてくると、ゼロが何個並んでいるのかが直ぐに判断できます。

ゼロが偶数個

100	百	00 ×1
10,000	万	00 ×2
1,000,000	百万	00 ×3

ゼロが奇数個

10	十	0 ×1
1,000	千	00 ×1、0 ×1
100,000	十万	00 ×2、0 ×1

 操作例

¥18,000,000 ➡ ゼロ6個
1 8 00 00 00 と打つ

ちなみに私は
ミス防止で00キーを
まったく使いません

バチバチバチってね!!
この連続音
が快感!!

まとめ✍

桁数により 00 を優先して押し、 0 は後から残り1個だけを押すように習慣づけるとよいでしょう。

学習2日目　電卓キーの機能

7 計算結果は  イコールキーで

　算数の計算をするとき、式の最後には必ずイコールマークが付いています。電卓でも同様に、答えを求めるためには最後に ■（イコール）キーを押すことになります。

単純な計算だと ■ キーを押さなくても、答えは表示窓に出てくるよね。

30 ＋ 10 ＋ … 表示窓 40

ただ、連続して計算するときは、きちんと ■ を押しておかないと前の算式の結果に、次に入力した数字が加えられてしまうんだ。

30 ＋ 10 ＋ 40（■ キーを押さずに連続して）
20 ＋ 50 ＝ 110

これじゃ困るね。しっかり ■ キーを押すのを意識しなきゃね。

52

🖊 イコールキーを押す習慣をつけること

[=]キーを押さなくても計算の結果は正しく表示されています。

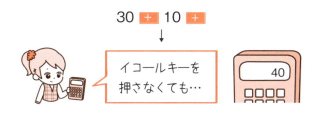

ただ、[=]キーを押して答えを出すとそこでこの計算は完了したことになり、次の計算とは連続しません。

example

30 [+] 10 [=] 40
20 [+] 50 [=] 70

まとめ 🖊

電卓を使っての計算は連続して多くの答えを出します。各計算はイコールキーを押して、ひとつひとつ独立させて結果を求める習慣をつけましょう。

学習2日目　電卓キーの機能

8 すべてを御破算にするキーもある

　難しい漢字ですが、御破算は「ごはさん」とか「ごわさん」と読みます。日常、お金の精算などをするときに、この御破算という言葉を使います。
　電卓にも、入力されている数字を御破算にするキーがあります。

電卓に赤字で C とか AC って言うキーがあるけど、あれはクリアの「C」だっていうことは知ってるよ。

もう使っていると思うけど電卓の中をゼロの状態にするのがこのクリアキーなんだ。

C社とS社ではキーの機能に違いがあるので、それぞれ理解して使いこなそう。

全部消えないこともある

電卓メーカーの C 社と S 社の電卓ではクリアキーの機能に若干の違いがあります。

自分の電卓がどちらの機能なのかを理解しておきましょう。

C 社

入力したすべての数字を一瞬で消去するキーはありません。

AC （オールクリアキー）
→ メモリー情報以外の数字が消去でき、メモリー情報は MC か MRC で消去します。

S 社

S 社の電卓は CA キーを押せば、すべての数字が消えます。

CA （クリアオールキー）
→ 電卓に入力されている情報が一瞬ですべて消去されます。

まとめ

C 社のクリアキーは、メモリー情報が残っていることに注意が必要です。

このためメモリーキーを多く使うような場合は、C 社より S 社の電卓の方が操作が簡単です。

学習2日目　電卓キーの機能

9 直前の数字だけを消すクリアキー

　オールクリアやクリアオールキーと異なり、今現在入力している数字や最後に入力した数字だけを取り消すキーがあります。
　このキーを上手く使えばオールクリアにして再度計算をしなくてもいいという便利なキーです。

電卓には  AC とか CA 以外にも C や CE （クリアエントリー）っていうキーがあるけど、何か違いがあるの？

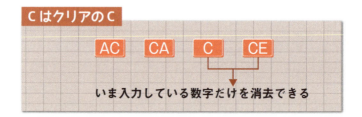

C とか CE はちょっと間違えたときに数字を取り消すためのキーなんだ。

🔖 全部計算し直すのは大変です

長い算式の計算をしているときに途中で入力ミスに気がついたときに、この C や CE で間違えた数字だけを取り消して計算を継続させることができます。

こんなときに C や CE キーで 2,789 を取り消して、2,798 と入力し直して計算を継続します。

まとめ

計算の途中でミスすると、オールクリアにしてしまう人が多いようです。しかし、この C または CE キーを上手く使えば、入力ミスはとても簡単に修正することができます。

学習2日目　電卓キーの機能

10 キーで総合計が出せる

　複数の計算をして最後に総トータルを求めるようなときは、それぞれの計算結果をメモしておかなければ、総合計を求めることはできません。

　そんなときに大いに役立つのがこの GT （グランドトータル）キーです。

こういう計算って、せっかく電卓使ってるんだけど、どうにかなんないのー。

納　品　書

パンプス　＠10,800 円 ×12 足＝？
サンダル　＠ 8,100 円 × 3 足＝？
スリッパ　＠ 1,300 円 × 5 足＝？

トータルは？

こんなときに役に立つのが GT キーだよ。使い方はすごく簡単、ボタンひとつ押すだけだから。

🔍 複数の計算が合計できます

電卓の表示窓のどこかに「GT」とか「G」というマークがでていませんか？実はこれがグランドトータル。総合計できるんですよというサインなのです。

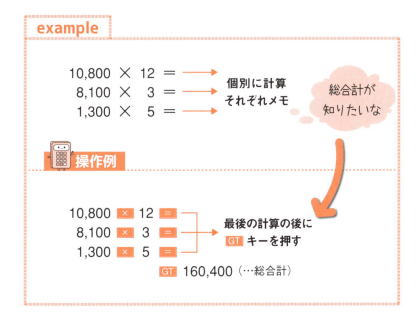

まとめ🖋

電卓の中にはこの GT 機能のために特別なスイッチがあるものもあります。通常はこのスイッチを「ON」のままにしておき、いつでも総合計が計算できるようにしておきましょう。

学習2日目　電卓キーの機能

11 桁下げキー

　パソコンのキーには、Backspace（バックスペース）というキーがあります。電卓にも同じ働きをする桁下げキーがあり、入力ミスしたところだけを簡単に修正できます。

私もパソコンの入力とかときどき間違えるんだよね。
だから Backspace と Delete キーのお世話になってるよ。

電卓にも Backspace キーと同じ働きをする桁下げキーというのがあるんだ。

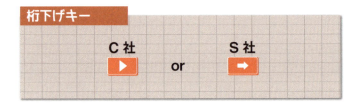

この桁下げキーを使うと、計算途中の桁数の多い数字の入力ミスを簡単に修正できるんだ。

電卓の Backspace キー

複雑な計算等をしていると、計算途中でしばしばミスをすることがあります。そんなときはまた始めから計算し直すと考えるとウンザリです。

でもこの桁下げキーを使えば、ミスしたところだけ修正できます。

まとめ

同じような機能である C や CE キーがあります。全部消去して再入力するのか、ミスした個所だけ修正するのか、それぞれの方法をマスターして使い分けると便利です。

学習2日目　電卓キーの機能

12 サインチェンジ で何かが変わる！

　会社のスローガンなどに「チェンジ○○」とか「○○チェンジ」なんて使うことがあります。これにより、何か改革をしなければならないという気持ちになります。
　電卓にもマイナスをプラスにするという +/− （サインチェンジ）キーが付いています。

引き算は普通大きい数から小さい数を引くよね。でも計算の順序で逆に計算しなきゃいけないことも多いんじゃない。

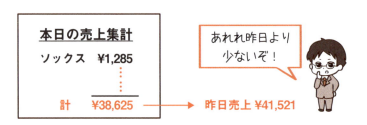

38,625 − 41,521 ＝ − 2,896

落ち着いて、大きい方から小さい方を引けばいいんだけど、電卓で 38,625 が出てるからどうしてもこういう計算をしちゃうね。

🔖 計算順序を考慮する必要がありません

計算式によっては、複雑な方を優先して計算をしなければならないことがあります。

$$28 - \frac{8 \times 2 + 4}{5} = 24$$

こっちが優先

このときには本来の引き算のルールでは計算できません。でもこの キーを使えばきちんと計算できます。

example

コンビニでスイーツ@230円を4個買ったとき、レジで1,000円札を出したらおつりはいくらかな？

1,000円 − @230円 × 4個 ＝

操作例

230 × 4 − 1,000 ＝ −80

ここで

+/− 80

まとめ ✎

上記の計算でも − マークが出たことの意味がわかっているときには +/− を押す必要はありません。

学習2日目　電卓キーの機能

13 小数点キーの使い方

　計算式の中には分数（ぶんすう）や小数点（しょうすうてん）も当然出てきます。この小数点の計算が出てきたときに使うのが、この（小数点）キーということになります。

　なお、残念ながら分数計算のキーはどんな高額な電卓にもその機能はありませんのであしからず。

電卓を使う計算で比較的多いのが利息計算（りそくけいさん）です。

example

100万円　年利0.4%　借入期間2年

もうこういう計算っていうのは銀行におまかせって感じよね。

算式にすれば次のようになるよ。
ちなみに、0.4%は4%じゃないからね。

1,000,000円 × 0.4% × 2年 ＝ 8,000円

🖋 ゼロを押さずにまず小数点キーを

小数は1に満たない数字を示しています。

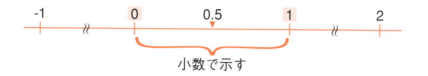

たとえばゼロと1の中間を示すなら0.5です。電卓へ入力するときは…

0.5 ➡ 0 . 5 ではなく、
　　➡ . 5 と入力すること。

最初のゼロはいらないのね！

example

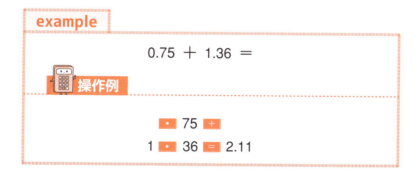

まとめ
小数どうしの + − × ÷ の計算も、小数点キーを使えば電卓で求めることができます。

Column

電卓はオワコンのツールなのか

　電気関係の量販店や文具店に行くとかろうじて電卓売場のコーナーがどの店にもあります。しかし他の電化製品のコーナなどと比べると派手なポップがあったりポスターが貼ってあったりするわけではありません。そう考えると電卓はかつて20世紀の事務用品であり、パソコンの普及した現在では、重要なビジネスツールではない印象があります。

　しかし会計関係の受験や事務計算などでは相変わらず電卓は必須アイテムです。電卓メーカーでもそれほど力を入れて製品開発をしているわけではありませんが、新機種も少しずつですが出回っています。

　皆さんも、もし受験などで新しい電卓を購入するときには金額に関係なく自分で納得できる機種を購入してほしいと思います。

3日目
7 days challenge

電卓の基本操作

電卓操作と指の関係はとても重要です。ここでは各キーと指の関係を基本にして、簡単ですが具体的な計算例により各キーの操作方法を説明しています。特に二つのキーを組み合わせて特殊な計算が可能ですからこれらの計算方法を身に付けてください。

学習3日目　電卓の基本操作

1 テンキーの上手な打ち方

　電卓を速く打つことを「速打（はやうち）」と言ったりします。速打の決め手は、テンキーを打つスピードです。
　さてこのテンキーを速打するためにはどうしたらいいのでしょうか。

大学のとき文系なのに凄（すご）く電卓を速く打つ先輩がいて、よく聞いたらその人簿記の勉強をしていたよ。

ライセンス試験の中でも、簿記は特に電卓操作が重要で、その合否にも影響するからね。

あそこまで速くなくても、私みたいな右手人差指（みぎてひとさしゆび）1本打法（だほう）（？）は何とかならないかな。

いくつか方法を紹介するから、やってみるといいよ。

🖊 操作する指は何本にするのか

電卓は、普通3～4本の指で操作します。もちろん右手か左手一方での操作であり、両手で3～4本ではありません。

この3～4本の指で必ず同じキーを押すようにすることが基本です。

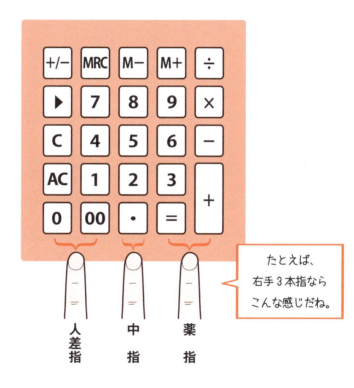

たとえば、右手3本指ならこんな感じだね。

人差指　中指　薬指

まとめ 🖊

まずは1本指打法を卒業して、3本指で操作するように心掛けることがテンキー操作の基本です。

学習3日目　電卓の基本操作

2 電卓上達の秘密は薬指にある！

　人間の指は5本あるのですが、多くの動作は親指から中指で行います。また手に力を入れるときは自然に小指に力が入っているものです。
　残念ながら薬指はなかなか出番がありません。しかし電卓操作ではこの薬指が、速打やミスを減らすポイントになるのです。

薬指がポイントか〜。特に左手の薬指は、女子にとって特別な指だし、大事にしておきたいところだけどね。

素敵な人と結婚して綺麗な指輪をしたいな！

まあ女性には特別な指かもしれないけど、実はこの薬指が、電卓操作のときにも大事なファクターになるんだ。

え〜何で！　他の指とみんな同じじゃないの？

🥕 薬指が動けばミスは減る

　電卓を右手３本指で操作するときには、だいたい全部のキーの右側縦２列を薬指でカバーします。

　ちなみに電卓で次のキーを、右手の人差指、中指、薬指の３本を使って何度か押してみてください。

スムーズに打てるのは、やっぱりＡパターンよね。

それは薬指があまり動いていない証拠だよ。薬指を動かすためにもＢパターンを練習しよう！

まとめ🖋
薬指の動きを良くするためには、３本指のスムーズなキー操作の練習をする必要があります。

学習3日目　電卓の基本操作

3 キー操作の練習をしよう！

　もちろん仕事の中で電卓を使っていれば、そのキャリアが長くなればなるほど操作のスキルは上がります。
　でも、新人のうちから電卓上手と呼ばれたいなら、キー操作の練習を地道にすることをお勧めします。

電卓を使ってする計算は、ほとんどが足し算だよね。この連続した足し算のことを「見取算」って呼ぶんだ。

品名＼月	1月	2月	3月
スカート	825,265	652,940	727,810
ブラウス	165,924	594,265	457,932
︙	︙	︙	︙
合　　計	?	?	?

そうそう会社ではこんな感じの集計表を計算してばかりだよね。

こんなのを1回で電卓計算できたら効率もいいし、なんだかスカッとするよね。そうなるためにも、まずは電卓操作の練習からはじめよう。

🖊 スムーズな指の動き

　操作練習は、次のような方法で少しずつやるように心掛けましょう。これにより操作テクニックは、確実に向上します。

HOW｜教材
- 会社にある資料（請求書等(せいきゅうしょなど)）の検算をする
- インターネットで公開されている珠算の見取算(しゅさん)の練習問題を出力する

２～３桁から７～８桁までの見取算を適当にプリントアウトする

WHEN｜練習
- 朝一番、昼休み後、少し時間があるとき

少しずつ練習しよう

まとめ🖊
会社などで少々時間があるときに、自分で指３本、特に薬指の動きを意識して、見取算の練習をしてください。

学習3日目　電卓の基本操作

4 四則計算って何の計算？

これから電卓のや　キーを使って具体的な計算に関する操作方法を説明します。

その前にこの　や　の計算方法の呼び方などを紹介しておきます。

 タイトルの四則計算っていったいどんな計算なの？　難しい計算をするって気がするんですけどー。

 いやいやこれはただの足し算や引き算などの4つの計算方法をまとめた呼び方だよ。

四則計算とは？

4つ合わせて…『四則計算』

 ここでは計算の正式な呼び方などをちょっと紹介しておこう。当たり前の知識だけど、覚えておくと便利かもしれないよ。

🖊 計算の正式名称と計算結果

　これから電卓による四則計算の操作方法を紹介します。その中で計算方法の名称や計算の結果について、正しい呼び方が出てくるので紹介しておきます。

キー	計算方法	名　称	答え
＋	足し算	加法、加算	和
－	引き算	減法、減算	差
×	掛け算	乗法、乗算	積
÷	割り算	除法、除算	商

なんだか一般教養みたいだね

でもなんで割り算は商って言うんだろう

COLUMN

なぜ割り算 ＝ 商なのか

電卓操作の説明とはまったく関係ありませんが、割り算の答えを「商」と呼ぶのは、昔の中国の算術書の中で、割り算（÷）を掛け算（×）の逆算の答えであると考えて、「商」と呼んだからと言われています。しかし、これも定かな話ではないようです。

学習3日目　電卓の基本操作

5 基本計算のキー

　電卓の のキーを使って行う計算は、四則計算と呼ばれています。電卓は誰が触ってもこの4つのキーを操作すれば簡単に答えを出すことができますから、基本操作のキーと考えてください。

電卓はこの ＋ とか － とかのキーさえちゃんと押せば正解が出てくるよね。

電卓の機能の中じゃ基本中の基本だし、普通の計算ならこの4つのキーで充分だね。

でもやっぱり他のキーと組み合わせたりするともっと複雑(ふくざつ)な事もできるんだよね。

その通りなんだ。これからそれを少しずつ説明するよ。

🔍 最後に押すキーが計算される

`+` `-` `×` `÷` の四則計算キーは連続して押しても最後に押したキーとイコールキーの組み合わせで計算結果が出てきます。

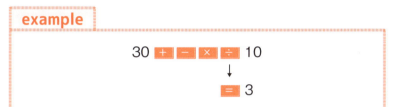

上記の場合、最後の `÷` と `=` で 30 ÷ 10 = 3 となります。

途中に打ったキーは関係ないんだね。

そのとおり！　最後に打ち込んだキーが大切なんだ。

まとめ 📝
普段は `+` `-` `×` `÷` を連続して押すようなことはありません。ここでは、最後の命令をしたキーが作動するということを理解しておきましょう。

学習3日目　電卓の基本操作

6 を二度押すと逆引き算ができる

　C社の電卓だけなのですが、引き算をするときに大きな数字から小さな数字を引かずに逆の計算をしても正解が出てくるという便利な機能があります。

 引き算は、算式左側の大きい数字から、右側の小さい数字を引いて計算するよね。

$$19 - 7 = 12$$

 C社の電卓だけなんだけど、次のような操作をしても答えが出せるんだ。

 操作例

7 − − 19 = 12

 この − − の操作をすると表示窓に「K」という文字が出てくるよ。

🖋 知っていると超便利かも!

　この機能は、後述する定数減算という計算をするときC社の電卓で [−] [−] という操作をするので、これを単独の引き算で利用したものです。

example

(1) 21 − (2 × 4) =

(2) 27 − $\dfrac{18 \div 2}{3}$ =

操作例

C社

(1)　2 [×] 4 [=]
　　　[−] [−]
　　　21 [=] 13

(2)　18 [÷] 2 [÷] 3 [=]
　　　[−] [−]
　　　27 [=] 24

チョー簡単にできるね！

まとめ 🖋

早速ですが [−] [−] というこれまで知らなかった操作方法が出てきたのでマスターしておきましょう。

学習3日目　電卓の基本操作

7 で分子分母を逆転させる

　これもC社の電卓だけの機能ですが、を2回押すと、割り算の分母と分子を逆転させて逆割り算の計算することができます。この方法も知っていると大変便利ですから覚えておきましょう。

割り算は分子の数字を分母で割って答えを出すんだよね。

分子 →　$\dfrac{20}{5}$　＝　4
分母 →

C社の電卓ではこれを次のように操作をして計算することができるんだ。

操作例
5 ÷ ÷ 20 ＝ 4

これは、C社とS社の電卓プログラミング開発過程(かいはつかてい)の差なのです。

忘れないで憶えておくこと

普通 ＋ － × ÷ は計算の中で 1 回しか押しませんが、 － と ÷ だけはちょっと便利な使い方があるので、この機能をマスターしておき、自分のスキルにしてください。

---

example

$$(1)\ \frac{24}{6 + 2} =$$

$$(2)\ 18 - \frac{28}{5 + 2} =$$

操作例

C社 ▶ (1) 6 ＋ 2 ＝
　　　　　　 ÷ ÷
　　　　　 24 ＝ 3

　　　　(2) 5 ＋ 2 ＝
　　　　　　 ÷ ÷
　　　　　 28 ＝
　　　　　 － －
　　　　　 18 ＝ 14

まとめ

こんな機能もマスターしておけば、簿記の勉強などではすごく役に立つことになります。

学習3日目　電卓の基本操作

8 小数点キーの便利な使い方

　桁数(けたすう)の多い10万、100万、1,000万などの数字は キーや キーを使って計算するのが正しい操作方法です。でも ▪ （小数点）キーを使ってもっと簡単に計算する方法もあります。
　むしろ一般事務系の人達はこのテクニックを使うのが普通です。

 こんな数字の入力はどうやって入力すればいいだろう。

$$
\begin{array}{r}
38,500,000 \\
1,800,000 \\
2,070,300 \\
+\ 12,500,000 \\
\hline
?
\end{array}
$$

 なんか、ゼロだらけって感じですね。

 こんなときのための 0 、 00 キーだったよね。それにしても 0 、 00 と何度も押さなきゃならないよね。

🖋 千円未満を小数点以下にしてしまう

6～8桁の桁数の多い数字で末尾にゼロがたくさん付いている計算は、右側の3桁つまり千円未満を小数点以下とみなして計算しましょう。

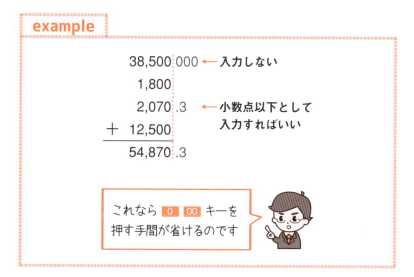

始めから千円未満を入力していませんが、計算の結果 54,870.3 は元の単位に戻して、次のように8桁の数字としてください。

54,870,300

> **まとめ 🖋**
> 千円未満は小数点を使って入力すれば 100 円、10 円、1 円の単位も簡単に計算できます。

学習3日目　電卓の基本操作

9 %キーの機能

　全体に対して一部の割合である構成比率（こうせいひりつ）を示すときにパーセントという考え方をします。
　このパーセントは小数でも示すことができるので、まず両者の関係を理解しておくことが大事です。

このパーセントと小数の関係って、私たち文系は苦手なんだけどー。本当、違いってよくわからないんだよね。

パーセントは百に対していくつという割合を示し、小数点は1に満たない数を示しているんだ。

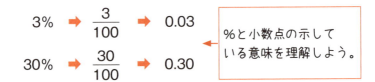

$3\% \rightarrow \dfrac{3}{100} \rightarrow 0.03$

$30\% \rightarrow \dfrac{30}{100} \rightarrow 0.30$

%と小数点の示している意味を理解しよう。

0.30 が 0.3％ということではないから注意してね！

割合を求めるときの ％ キー

まず ％ キーの基本である全体に対する割合を求めてみることにします。

男子のハンカチを持っていない割合は40％って言うけど、うちの会社だと…？

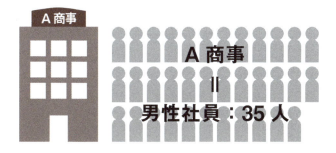

操作例

35 × 40 ％ 14　　　Ans. 14人

ウエ〜、社会人として最低。
でも、だいたいこの14人は想像つくわね。

まとめ
× と ％ キーの2つで簡単に全体割合を求めることができます。

Column

左手操作と右手操作、どちらが正解？

　鶏が先か卵が先かという永遠の疑問があります。残酷ですが、どちらが先でも我々の胃袋に収まり、美味しければどちらが先でも関係ないということになります。電卓操作でも受験生の間には左手操作か右手操作のどちらが有利かという議論があります。ビジネスのために電卓を使用するのであれば右手操作で問題はありません。

　しかし受験となるとペンを持つことと電卓を操作することを両立させなければならず、なおかつこれをスピーディーに行わなければならないので、各受験生は大変に悩むところです。しかし、鶏と卵と同じように、これに結論はありません。各自が上手く操作できる方法で電卓を操作すれば良いでしょう。

　問題は右手か左手かということより簿記の問題をきちんと理解できているかの方が重要と考えてください。

4日目

7 days challenge

数学基礎知識との関係

ここでは前半で数学の基本知識の確認をします。これは未満や超など簿記学習をする際にしばしば取り上げられる内容だからです。これらは電卓操作以前の基本的な事項と考えてください。後半は連続した四則計算などについての電卓操作の方法を説明しています。

学習4日目　数学基礎知識との関係

1 未満と以下の違いを知ろう

　割り切れない数など、中途半端な数を調整するときに「未満」「以下」の指示があります。
　ここで少々その意味を説明しておきます。

18歳未満入場お断りという表示があるけど、これって18歳ちょうどの人はどうかわかる？

18歳になったのは高校3年の2月だったな〜。あのときから、それまで入れなかった大人の場（？）にも入れるようになったのよね。つまり18歳未満は17歳までだよね！！

そうだね、18歳未満は、17歳はダメだよね。それなら18歳以下禁止ならどうだろう。

以下はその数も含まれるから、17歳はもちろん18歳もアウトということだよね。

88

🖊 その数を含むのか、含まないのか

　未満はその数に満たないものを示し、以下はその数そのものを含んでそれより少ない数ということです。

それなら小数点3位未満と小数点3位以下なら、この数字のどこを見ればいいかわかるかな？

$$10 \div 7 = 1.4285714 \cdots$$

→ 小数点3位以下
→ 小数点3位未満

小数点3位の「8」のところをよく見て考えるということね。

まとめ🖊

未満はその数に満たない、達していないということを憶えておきましょう。

悩んだときは、「18歳未満」がヒントになりますから、これを落ち着いて考えるとよいでしょう。

学習4日目　数学基礎知識との関係

2 ついでに超と以上も説明します

　未満と以下の違いは理解できましたか。ついでといっては何ですが、未満と以下の逆を示す超と以上も紹介しておきますから、4つの言葉の意味をマスターしておきましょう。

 何か私ってさ、子どもの頃からのクセなのか会話の中でやたらと「チョー」を使うんだよね。

 ここでのチョーは、同じチョーでも数字のことを示す「超」の方だからネ。

 それってチョー難しいんじゃない。もしかして〜。

 やれやれって感じだけど、超と以上についても説明するよ。

4人以上はどうなる？

正解だよ！　文子ちゃんもだんだん鋭くなってきたね。

4人以上　→　4人からOK
4人超　　→　4人ではNGで5人いなければならない。

まとめ
超はその数を超えているという意味だということです。以上と超の違いもはっきり区別しましょう。

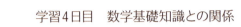

3 四捨五入も確認しよう

さすがの文系も四捨五入(ししゃごにゅう)は日常で使っていますから、その意味は理解しているはずです。

ただこれが小数点やパーセントと関係するとなると少々不安です。

この四捨五入は女子にとって、とても大事な意味があるのよねー。

　　24歳（四捨五入）　➡　20代だし、アラサーにはまだ早い
　　35歳（四捨五入）　➡　イヤ〜もうアラフォーなの

　　　　　正式 … around the age of 30

仕事では細かい数字や、小数点未満などの調整をするときによく使われるね。

　　¥87,187　　百円未満四捨五入　➡　87,200
　　28.325　　小数点未満四捨五入　➡　28.00

百円未満は百円に満たない87円のことで、小数点未満は、小数点に満たない「325」のことだよね。

✏ ちょっと細かい四捨五入

　左ページの四捨五入は比較的簡単です。電卓のラウンド・セレクターキーを使いこなすためには根本的にこの四捨五入の知識が必要です。

example

今月の売上は 13,857 円で仕入原価 8,987 円だった。売上に対する原価の割合を％で示すことにして 1％未満は四捨五入する。

注）小数点 2 位未満の「85」に注目して四捨五入すること。
　　なおこの計算では ％ キーは使用できません。

$$\frac{原価}{売上} \rightarrow \frac{8{,}987\ 円}{13{,}857\ 円} = 0.6485\cdots \rightarrow \begin{array}{c}0.65\\(65\%)\end{array}$$

操作例

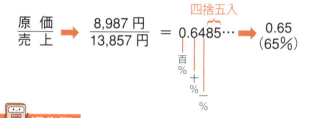

8,987 ÷ 13,857 = 0.65 … 65％

まとめ 📝

小数点セレクターキーを「2」にセットして小数点 2 位未満を四捨五入するということがポイントです。

学習4日目　数学基礎知識との関係

4 切り上げと切り捨て

　計算の結果に端数が出て、これを調整するための四捨五入という方法を説明しました。
　またもっと簡単な方法に、適当な桁(けた)のところで端数そのものを切り捨てたり、切り上げる方法もあります。

端数が出たときに切り捨てすることってよくあるよね。

　お会計　5,000 円 ÷ 6 人 ＝ 833.333 円
　➡　お1人様 833 円也(なり)（円未満は切り捨て）

切り捨ての場合はそれでいいけど、会社の経理や簿記の問題でこんな切り捨てかたをすることがないかな？

小数点3位未満切り捨て

　　　　　　　　　　　　　　3位未満切り捨て
　15,000 ÷ 17 ＝ 882.3529411…
　　　　　　　　　A 882.352

🖊 処理する位取りを正確に

　切り捨てや切り上げは簡単です。しかしこれに小数点が絡むと文系は急に頭の中が「？？」になってしまいます。
　常識ですから正しい知識を身に付けて、大人の文系になりましょう。

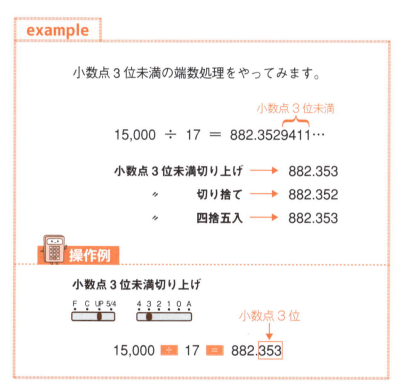

まとめ🖊
小数点以下のどの位に着目するかがポイントだから、よく見て落ち着いて判断すること。

学習4日目　数学基礎知識との関係

5 同じ数を連続して足す

　仕事の中で電卓を使っていると同じ数を何度も足す計算というのをすることがあります。これを定数加算（じょうすうかさん）と呼び、電卓では便利な操作方法でこれを計算できます。

こういう計算っていちいちメモしながらやったりするからチョー面倒なんだヨー。

	基本給		交通費	
Aさん	100,000 円	＋	8,270 円	＝
Bさん	100,000 円	＋	10,350 円	＝
Cさん	100,000 円	＋	4,960 円	＝

これは定数加算といって、電卓で簡単に計算することができるんだ。

定 数 加 算

同じ数という意味　←　　　→　足し算のこと

定数計算がこれから連続して出てくるよ。

定数加算の2つのパターン

定数加算には下記の2つのパターンがあってそれぞれの操作方法があります。

example

同じ数に足す

7 + 15 =
7 + 21 =
7 + 16 =

↓

C社

7 + + 15 = 22
　　　　21 = 28
　　　　16 = 23

定数加算指示

S社

7 + = 15 = 22
　　　　21 = 28
　　　　16 = 23

定数加算指示

同じ数を足す

18 + 5 =
28 + 5 =
14 + 5 =

↓

C社

5 + + 18 = 23
　　　　28 = 33
　　　　14 = 19

S社

5 + = 18 = 23
　　　　28 = 33
　　　　14 = 19

まとめ

C社の電卓は、の二度押しがポイントだね。両社の電卓で操作方法が違うので注意しよう。

学習4日目　数学基礎知識との関係

6　同じ数を何度も引く

　定数加算と同様に、同じ数を連続して何度も引く計算を定数減算と呼びます。この定数減算も、C社とS社では電卓操作の方法がちょっと違い、S社の方が簡単です。

Aパターン	20 － 4 － 4 － 4 ＝
Bパターン	30 － 8 ＝ 25 － 8 ＝ 47 － 8 ＝

 操作例　S社

電卓メーカーに注意

会社や自宅などで異なるメーカーの電卓を別に使っているという方は、それぞれのメーカーにより、その機能が若干異なるので、注意が必要です。

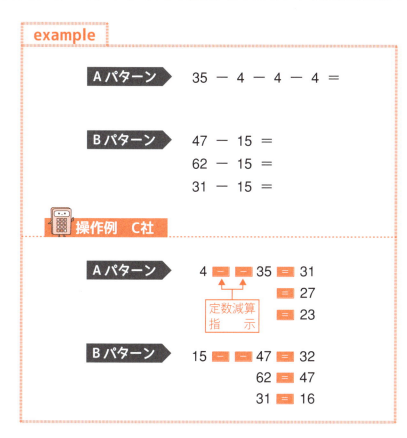

まとめ

C社の電卓は ➖➖ という操作が、定数減算の指示をしたことになります。

学習4日目　数学基礎知識との関係

同じ数を次々掛ける

　同じ数を掛ける計算を定数乗算（じょうすうじょうざん）と呼びます。何だか舌をかみそうですが、定数は一定の数という意味で、乗算は掛け算のことをいいます。この定数乗算の計算も電卓で行うことができます。

 定数乗算もS社の方がすごく簡単なので先に説明することにするよ。

Aパターン	Bパターン
18 × 7 =	24 × 8 =
18 × 5 =	31 × 8 =
18 × 8 = ___	9 × 8 = ___
合　計　？	合　計　？

 操作例　S社

Aパターン	Bパターン
18 [×] 7 [=] 126	8 [×] 24 [=] 192
5 [=] 90	31 [=] 248
8 [=] 144	9 [=] 72
[GT] 360	[GT] 512

100

🖊 C社は ×× で定数乗算が「ON」

C社の定数機能の特徴は ++ 、 -- と同じキーを2回押すという操作にあります。したがって定数乗算も ×× の操作で作動することになります。

example

Aパターン

```
12 × 24 =
12 × 16 =
12 × 33 = _____
        合計：
```

Bパターン

```
16 × 14 =
21 × 14 =
33 × 14 = _____
        合計：
```

操作例　C社

Aパターン

```
12 × × 24 = 288
        16 = 192
        33 = 396
        GT  876
```

定数乗算指示

Bパターン

```
14 × × 16 = 224
        21 = 294
        33 = 462
        GT  980
```

まとめ

実は、定数乗算は上記のC社の操作方法をS社の電卓で行っても同じ結果になります。

学習4日目　数学基礎知識との関係

8 掛け算の連続技

同じ数を連続して2回、3回、4回　と掛ける計算のことを2乗、3乗、4乗…という累乗計算と呼びます。
　この計算も定数乗算に似た方法により計算をすることができます。

何か、ず〜っと昔にこの右肩に小さな数字が乗っかってるのって教わった気がするなぁ。

$$\boxed{5の3乗} \Rightarrow 5^3 \Rightarrow 5 \times 5 \times 5 = 125$$

文系には、全く縁のない計算であることはたしかだよね。

でも掛け算の連続ってどっかでやったよね。

🖊 累乗計算と定数乗算

C社の電卓は × × という操作をして定数乗算と同じような計算をすることになります。

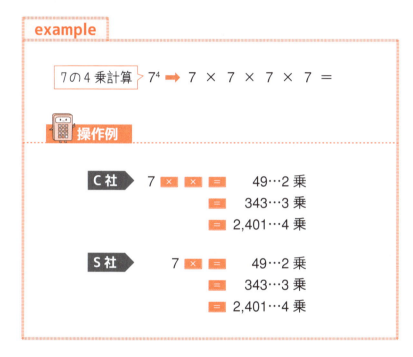

 文系はスルーしてオッケーです。

まとめ 🖋
あまり使うことはありませんが、こんな計算もできるという紹介だけはしておきます。

学習4日目　数学基礎知識との関係

9 難易度の高い定数除算

　定数除算はこれまでの定数加算、減算、乗算と同様に同じ数で割り算をする計算です。

　ただこの定数除算は、C社の電卓で同じ数を連続して割る計算以外は、メモリー機能を使わなければなりません。

定数除算ができるのはC社の電卓で下記の計算をするケースだけです。

定数除算・C社

90 ÷ 15 ＝
120 ÷ 15 ＝
60 ÷ 15 ＝

操作例　C社

15 ÷ ÷ 　90 ＝ 6
　　　　　120 ＝ 8
定数除算　60 ＝ 4
指　示

104

📝 メモリー機能を使う定数除算

左ページ以外の定数除算はメモリーキーを使って下記のような計算をしなければなりません。

example

(1) 120 ÷ 20 =
　　120 ÷ 40 =
　　120 ÷ 60 =

(2) 90 ÷ 15 =
　　120 ÷ 15 =
　　60 ÷ 15 =

操作例

(1) C社 S社共通

120 [M+] ÷ 20 = 6
　　[MR] ÷ 40 = 3
　　[MR] ÷ 60 = 2

(2) S社

15 [M+] 90 ÷ [MR] = 6
　　120 ÷ [MR] = 8
　　60 ÷ [MR] = 4

電卓を使ってこんな計算をすることもほとんどないよね。

まとめ 🖋
定数除算はC社の ÷ ÷ 機能だけを知っていればいいでしょう。

学習4日目　数学基礎知識との関係

10 あまり使わない キー

はっきり言って文系だけでなく、一般人にも縁がないのがこのルートキーです。

ライセンス試験などで少々触れることがあるかもしれませんので、ちょっとだけ説明しておきます。

もうこのルートという呼び方すら忘れてたよ。そもそもこのルートって何だっけ？

ではなくて　$\sqrt{}$ ROOT　です。

ある数を2回掛けた結果を示しているんだ。

$$2 \times 2 = 4 \Rightarrow \sqrt{4}$$

🔍 一坪は何 m 四方か

たとえば土地の面積を示すときに○坪と表現します。この具体的な広さを正方形で考えたらどうでしょう。

> だいたい 3 ㎡

1 坪 ➡ 約 3.30579 ㎡

操作例

$\sqrt{}$ 3.30579 ➡ 3.30579 $\sqrt{}$ 1.81818…

つまりだいたい 1.8㎡四方が 1 坪ということになります。

約 1.8m

1 坪

約 1.8m

ちなみに 1 坪は畳 2 枚分のことだよ！

まとめ

ルートキーは、ある数を掛けた元の数字を出すキーだということになります。

Column

電卓操作の基本練習

　電卓の操作スピードは、簿記学習が進めば進むほど自然に上達します。これは電卓に触れる時間が多くなるのですから当然と言えば当然かもしれません。しかし、もっと早く電卓操作の上達をしたいというのであれば良い練習方法があります。

　それはインターネットなどで珠算（そろばん）の見取り算（加減算）の練習問題に取り組むことです。初級から上級までレベル別にプリントアウトし、自分に合った適当な級位の問題を、簿記の問題とは関係なく電卓操作の練習として取組みましょう。この時に注意してほしいのは、電卓キーをただ速く操作するのではなく、同じ指で同じキーを操作するなどを心掛けてください。この練習で確実に操作能力は向上します。

5日目

7 days challenge

応用操作

このセクションではメモリーキーの操作方法が最重要です。会計関係の試験では、このメモリーキーを完全に使いこなせるかどうかで時間節約や正解に差が出ることになります。使用方法の説明をよく読み、自分でも何度も練習をして、その操作方法をマスタしてください。

学習5日目　応用操作

1 キーでバーゲンの割引計算もOK

誰でもバーゲンセールと聞くとついワクワクしてしまいます。
会場では必ず値札に 20％や 30％ off と表示されています。
こんなとき、売値や元値はどうやって計算すればいいのでしょう。

女子としてはどんなものでもバーゲンセールっていうのは素通りできないのよねー。

ついつい 20％引きとか 30％引きという表示に踊らされて似合わない服とか買っちゃうんだよねー。実は私も先日…。

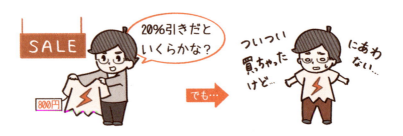

笑える〜。でもそういう経験よくあるよね。

✎ %と−キーを組み合わせて計算

まず % で全体の割合を求めここからこの数字をマイナスして販売額を求めることができます。

定価 8,000 円の 20％引きの値段は？

操作例

8,000 × 20 % − （ = ）6,400

注意 C社の電卓は % − の後で = を押す必要はありません。
しかしS社の電卓は % − の後で、さらに = を押してください。

逆に 6,400 円から元値を出すときは ÷ % で計算します。

操作例

6,400 ÷ 80 % 8,000

注意 こちらの計算はC社、S社の電卓でも上記の操作で答えがでます。

まとめ🖋

% と − の組み合わせで割引計算も簡単に計算できます。

学習5日目　応用操作

2 値上げのときの割増計算も  キーで

　いまの時代、何でもかんでも値上げです。お気に入りの洋服屋さんが、全商品○％値上げですというときは、新しい売値が気になります。
　こんなときには % と + キーを使えば値上げ後の金額が計算できます。

今度、お気に入りの洋服屋さんが全品7％値上げするんだってどうしよう。

うちも商売苦しいからな

こんなときにも % と + キーを使えば値上げ後の金額をすぐに計算することができるよ。

112

値上げ分は % と + キーで求める

値引きは % と - キーの2つを使いました。逆に値上げなら % と + キーを使うことになります。どちらも % の後に + か - を押すのがポイントになります。

18,000円の7%値上げはいくらになりますか？

操作例

18,000 × 7 % + (=) 19,260

注意: C社の電卓は % + の後で = を押す必要はありません。
しかしS社の電卓は % + の後でさらに = を押してください。

値下げのときが × % - (=) だったら、その逆の
× % + (=) という操作をするってことだね。

まとめ

% キーは全体割合だけでなく値上げ、値下げなどの計算にも使える便利なキーです。

3 小数を％に換算したいとき

　小数は1と0の間を示す数字です。また％は全体を100とした場合にその中に占める数の割合を示します。
　したがって両者は密接（みっせつ）な関係があります。しかしこれを換算するとなると少々やっかいです。

 小数とパーセントの関係はなんとなくわかるんだけどすぐに換算ができないんだよねー。

example

1,000人の来店者のうちの25人は外国人です。このときの割合を％で示しなさい。

$$\frac{25人}{1,000人} = 0.025 \rightarrow 25\% ?$$

 パーセントは1,000じゃなくて100に対する割合だからね

正解： $\dfrac{25人}{1,000人} = \dfrac{2.5}{100} = 2.5\%$

✎ %キーを押せば正解が出てきます

通常であれば割り算をして小数になったものを%に換算します。

---

example

$$\frac{1,120}{28,000} = \text{?} \%$$

ここで間違える

$$1,120 \div 28,000 = 0.04 \longrightarrow 40\% ✗$$

0.04 は正しくは4%です。これを%キーを使えば換算することなく、簡単に%で結果を求めることができます。

操作例

$$1,120 \div 28,000 \% 4 \longrightarrow 4\% を示している$$

まとめ✍

%キーの簡単な応用ですから使い方をマスターしておきましょう。

学習5日目　応用操作

4 メモリーキーの機能

　電卓には、スマホのアプリと違ってテンキーの上に M+ などの、3つのキーがあります。これらのキーをメモリーキーと呼びます。
　このメモリーキーを使うとかなり複雑な計算も簡単に答えを求めることができます。

何か電卓キーの中にMのマークのキーがあるけどあれって何なのー？

あれはメモリーキーといって一定の計算結果の数字を電卓の中で記憶しておくキーなんだ。

何か記憶っていうとパソコンみたいだよね。

この数字を記録できるんです。

あまり知られていないメモリー機能

電卓は ＋ － × ÷ の四則計算のために使うのが一般的な使用方法です。

しかし電卓のメモリー機能を使って下記のような計算をすると、電卓の利便性が飛躍的に上がります。

$$284 \div 4 + 324 \times 15 = 4,931$$

$$\frac{32 \times 8}{4} + \frac{18 \times 32}{16} = 100$$

このメモリーキーは複数の計算式の結果を足したり引いたりすることができ、人間が計算途中でメモを取る必要がないということです。

もっともっと、いろいろできるよ！

$$\frac{276}{7 \times 3 + 12 \times 4} = 4$$

まとめ
これからそれぞれメモリーキーの機能を説明しますから使い方をマスターしてください。

学習5日目　応用操作

5 の3つのキー

　メモリーキーは M+ M- MRC の3つのキーで構成されています。
　それぞれの機能は普通の四則計算キーやイコールキーとも連動しています。

＋ − × ÷ と ＝ キーは基本操作で誰でも使えるよね。

とはいっても入力ミスも多くて、使いこなしているかと言われたら自信ないなー。

ミスはさておき、ここではメモリーキーの3つの働きを説明するのでしっかり覚えてね。

 ➡ ➡ 、

🖋 3つのメモリーキーの働きとは

まずはざっくりとメモリーキーの3つの働きについて説明します。サクッと呼んで先に進んでください。

キーマーク	具体的な機能
M+	表示窓の数字をメモリーしておき、あとからプラスしたいときに使用します。
M−	表示窓の数字をすでにメモリーされている数字からマイナスするときに使用します。
MRC 、 R·CM	メモリー内に記憶されている数字を合計するときに使います。

注意 MRC と R·CM …このキーはメモリー内の記憶情報を消去するときにも使用できます。

MRCはメモリーリコールとメモリークリアの略で、1度押すとメモリー内容が呼び出されるけど2度押すとメモリー内容が消されてゼロになるんだ。

R·CMもリコールメモリーとクリアメモリーでMRCと同じ機能だね！

まとめ 🖋

電卓がメモリー計算をしているときには表示窓の上部に「M」という小さな文字が表示されます。

学習5日目　応用操作

6 は基本中の基本

メモリー機能でもこのメモリープラスは基本となるキーです。

まずはメモリー操作を理解してもらうために、このキーの働きを説明します。

　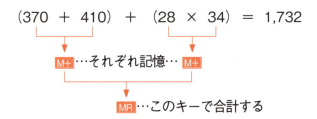

　それぞれで記憶できるということなのね。

　何でもすぐ忘れちゃう人のための機能なのです！　電卓の方が人間よりかしこいかもネ。

🖋 M+ の使い方

2つの計算の最初の式の計算結果をまず M+ で記憶することになります。

---

example

(1) $(370 + 410) + (28 \times 34) =$

(2) $\dfrac{32 \times 8}{4} + \dfrac{18 \times 32}{16} =$

操作例

(1)　　　370 [+] 410 [=] [M+]

　　　　　28 [×] 34 [=] [M+]

　　　　　　　　　　[MR] 1,732

(2) 32 [×] 8 [÷] 4 [=] [M+]

　　18 [×] 32 [÷] 16 [=] [M+]

　　　　　　　　[MR] 100

まとめ 🖋

メモリー操作の基本は、[=] [M+] を連続して押すことと、[MR] で合計が出るということをマスターすることです。

DAY 1 文系と電卓の関係

DAY 2 電卓キーの機能

DAY 3 電卓の基本操作

DAY 4 数学基礎知識との関係

DAY 5 応用操作

DAY 6 電卓による応用計算

DAY 7 簿記知識の応用

学習5日目　応用操作

7 の便利な使い方

のキーは複数の算式をプラスするときに使います。
また、算式の計算結果である数字を記憶するのではなく単独での数字を記憶しておくこともできます。

 はひとつの数字を単独で記憶しておくこともできるんだ。

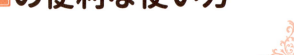

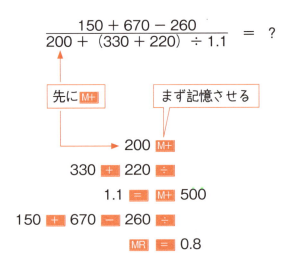

✏️ もう少し簡単な例でやってみよう

算式がちょっと複雑だったようです。

もっと簡単に下記の例でこの M+ キーのことを説明します。

example

$$56 \div 8 =$$

操作例（C社）

56 M+ ← 分子を先にメモリー入力

8 ÷ ÷ MR

= 7

操作例（S社）

8 M+ ← 先にメモリーさせて

56 ÷ MR ← リターンで呼び出している

= 7

まとめ ✏️

すでに P.80 でも説明していますが、C 社の電卓は分母・分子を逆転させ計算もできます。

8 ÷ ÷ 56 = 7

学習5日目　応用操作

8 はマイナス算で

　のキーは表示窓に出ている数字をメモリー内ですでに記憶されている数字からマイナスするときに使用します。
　メモリープラスの逆に引き算のときに使用すると考えてください。

　今度は M+ の逆の計算が M− のキーでできることを説明するよ。

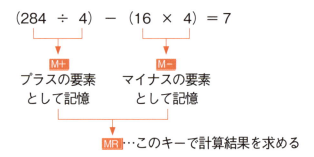

　マイナスを記憶しているということね。

🖊 先にマイナスすることもOK

引き算は大きい数字から小さい数字を引きますが M− と M+ の2つのキーで逆に計算することもできます。

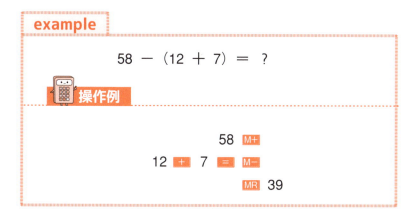

  M+ と M− を逆に入力しても計算できるよ。

```
12  +  7  =  M−
         58  M+
              MR  39 ← マイナスで表示されない
```

まとめ🖋

M− と M+ にはそれぞれ独立した数字が記憶されているということになります。

学習5日目　応用操作

9 複雑な計算こそメモリーで

　ライセンス試験などではかなり複雑な算式を用いて答えを求めなければならないことがあります。
　そんなときに役に立つのがこのメモリーキーです。3つのメモリーキーを使えばほとんどの算式は解くことができます。

国家資格の税理士試験なんだけど、下記のような算式も出てきて、これもメモリーで答えが出せるんだ。

$$20{,}000\,株 \times \dfrac{40{,}000\,株 \times \dfrac{20{,}000\,株}{30{,}000\,株 + 20{,}000\,株}}{40{,}000\,株 + 60{,}000\,株} = 3{,}200\,株$$

何か気持ちが悪くなりそうな算式だね。でもこれもメモリーで答えが出せるんだーすごいネ。

メモリー計算するときには、必ず左側から計算するんじゃなくて、式の途中や分母からなど、どこから入力を始めるかを考えることも重要だからね。

🔍 基本的な算式でやってみよう

　左頁の算式はちょっと複雑すぎます。もう少し簡単な例でメモリー計算の操作方法を紹介してみます。

example

(1) $\dfrac{228}{(7 \times 3) + (12 \times 3)} =$

(2) $10 - \dfrac{714}{17 \times 14} =$

操作例

(1)　7 × 3 = M+
　　12 × 3 = M+
　　228 ÷ MR
　　　　　= 4

(2)　17 × 14 = M+
　　714 ÷ MR
　　　　= − 10
　　　　　= −7
　　　　　+/− 7

ゆっくりやって入力順序を理解することだね！

まとめ 🖊

メモリーの機能を理解しながら計算の順序を考えるということも、答えを出すポイントです。

学習5日目　応用操作

10 割り切れない数字を処理する

　割り算の計算ではキレイに割り切れる答えが出てくるわけではなく、表示窓に割り切れない数字が並ぶことがよくあります。
　この割り切れない数字をどのように表示、処理するのかをラウンド・セレクターキーで行います。

何か割り算って、最後に ▬ キーを押すとき割り切れるかどうかドキドキするよね。

簡単な算式以外、割り算は割り切れないで端数(はすう)が出るのが普通だよね。

¥254,270 ÷ 30 ﹦ 8,475.⁶⁶⁶⁶…

こんなときにラウンド・セレクターキーが役に立つんだ。

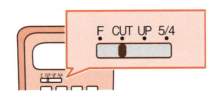

切り捨てるのか、四捨五入するのか

ラウンド・セレクターキーには4つのポジションがあり、小数点以下の数字をどのように処理するかを指示することができます。

表示機能に関して

表　示	機　　　能
F （Float）	割り切れない数字をそのまま表示窓いっぱいまで示します。
C （Cut）	小数点セレクターキーと組み合わせて何位を切り捨てるのかを指示して使います。
UP （Up）	小数点セレクターキーと組み合わせて何位を切り上げるかを指示して使います。
5/4 （四捨五入）	小数点セレクターキーと組み合わせて何位を四捨五入するのかを指示して使います。

一般的には「F」にしておき、割り切れない数字はそのまま表示しておきます。

人間の目で数字をよく見て、端数処理(はすうしょり)することの方が多いということです。

まとめ

C と 5/4 は次のページの小数点セレクターキーとの組み合わせを読んでください。

学習5日目　応用操作

11 小数点セレクターキーの使い方

　ラウンド・セレクターキーの4つのポジションと、この小数点セレクターキーで、小数点以下の処理をどのようにするのかを指示することができます。
　このとき小数点以下何位を切り捨て四捨五入(ししゃごにゅう)するのかをこの小数点セレクターキーで指定することになります。

小数点セレクターキーは小数点以下のどの位を処理するのかを指示するときに使用するんだ。

小数点以下第4〜1位未満を指示　　小数点未満を指示　　特殊な計算を指示

4 3 2 1 0 A

これをラウンド・セレクターキーと組み合わせるんだ。

| 注意 | A、ADD^2
このキーはアドモードと呼び、ドル、セントの計算のときに使用します。ADD^2 + C（C社）、A（S社）　例　35セント + 80セント + 70セント = 1.85　→　1ドル85セント |

130

上手に組み合わせれば端数処理も楽勝

仕事などで小数点以下の端数処理が細かく指示されたときは、2組のキーを上手に組み合わせてください。

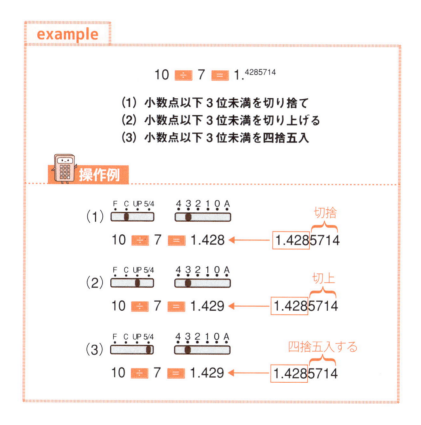

まとめ

この2つのキーを使い終わったらすぐにラウンド・セレクターキーを「F」のポジションに戻しておかないと、次からの計算は間違った答えになってしまいます。

Column

速打のアドバイス

　いまでこそ電卓アドバイザーと気取っている私も、簿記検定の勉強をしている頃、自分の電卓ミスの多さとスピードに悩んでいました。

　そんなある日、親しくしていた珠算8段の女性からこんなアドバイスを受けました。「見取算のコツは、桁数の多い数字もすばやく読み取ることだよ。そうすると自然と電卓も速く打てるよ！」

　なぜ数字が早く読めれば電卓の速打ができるのか？と、その時は、言われた意味がよくわかりませんでした。しかし、このアドバイスを参考にして、数字の「速読」を心掛けるようにすると、見取算のスピードがだんだんと速くなりました。

　これは後から知ったことですが、目から入った数字の情報が脳に届き、これが指先を動かす指示をしているという人間の一連の動作として繋がっているからなのだそうです。

　ぜひ数字の「速読」も実践してみてください。

6日目
7 days challenge

電卓による応用計算

このセクションでは商品売買に関連した商業的な知識について説明すると同時に、これに関する電卓の具体的な操作方法について説明をします。少々算数や数学的な要素が含まれていますが、今後の簿記学習にも重要な内容ですからしっかりと理解してください。

学習6日目　電卓による応用計算

1 利息の計算をやってみる

　ボーナスまであと2ヵ月（60日前）あります。急に寒くなったので50,000円のコートを買うことにします。お金はクレジット会社から借りることにし、金利が年1.46%です。いくら利息を支払うでしょう。

 何かどうしても急な買い物はボーナス一括払いとかになっちゃうんだよね。

 それで例えば50,000円借りた場合、60日間でいくら利息を支払うかわかってる？

| 利息 | $50,000 円 \times 1.46\% \times \dfrac{60 日}{365 日} = 120 円$ |

1日2円の利息になる

電卓では左ページの算式通り % キーを使って次の計算をします。

操作例

50,000 × 1.46 %
×
60 ÷
365 = 120…利息額

この計算をよく考えると金利の年1.46%というのは、50,000円で1日2円の利息を支払っていることになります。

操作例

50,000 × 1.46 %
÷
365 = 2…1日2円の利息

たかだか、2円と思って借金をするクセを付けないこと！！

学習6日目　電卓による応用計算

2 利息がだんだん増えていく

　一生懸命に貯金をして100万円を貯めました。これを3年の定期預金にすることにしたら、利息が年1％で複利で付くそうです。
　3年後にはこの100万円は利息を含めていくら戻ってくるでしょう。

そもそも複利っていったい何のこと？

元金と合計すると1,030,301円戻ってくることになるんだよ。

📝 1.01を3回掛けるか、累乗計算をする

単純に考えれば元金も含めて年1％ずつ増えるから次の計算をすることになるよ。

1,000,000円 × 1.01 × 1.01 × 1.01 ＝

この1.01を3回掛ける計算を累乗計算というのね。

1,000,000円 × 1.01^3

操作例

C社 1.01 ✕ ✕ ＝ 1.0201
　　　　　　　　　＝ 1.030301
　　　　　　　✕
　1,000,000 ＝ 1,030,301 …元利合計

S社 1.01 ✕ ＝ 1.0201
　　　　　　　＝ 1.030301
　　　　　✕
　1,000,000 ＝ 1,030,301 …元利合計

こんな難しい操作をしなくても100万円に1.01を3回掛ければいいんだけどね。

学習6日目　電卓による応用計算

3 飲み会の割り勘計算

　部の同期会で飲み会をやりました。参加者はイケてる男子A君B君の2人とモテモテ女子3人です。会計は20,300円、A君が「女子は男子の半額！」と宣言しました。
　さて、3人の女子は、2人の男子A君、B君のどちらをカッコイイと思ったでしょう。ではなく、女子はいくら支払うでしょう。

いまの女子は余計なことを言わないB君の堅実（けんじつ）なところもちゃんと見てるんだよねー。

この計算、酔っていると、間違えてこんな計算をしちゃわないかな？

 $\dfrac{20,300\text{円}}{5\text{人}} = 4,060\text{円}$ → 約2,000円…

全部で5人　　　　　　　　その半分だから　　　女子分

これじゃ男子は損しちゃうよね。正しくは右ページを見てみよう！

あるある、女子は男子の半額

正確には次のように考えなければダメだよ。

　A 💴 💴
　　　B 💴 💴

　C 💴
　　　D 💴
　　　E 💴

全部で 💴 は 7 個

1 個： $\dfrac{20{,}300\ 円}{7\ 個} = 2{,}900\ 円$

男子：(2,900 円 × 2) × 2 名 = 11,600 円
女子： 2,900 円　　　× 3 名 = 　8,700 円
　　　　　　　　　　　　　　　20,300 円

操作例

2 [×] 2 [=] [M+]
　　　　3 [M+]
20,300 [÷]
　　　[MR] [=] 2,900 …女子 1 人分

この [÷] [MR] [=] って分母を先に計算する割り算のときによく使うね。憶えておこう！

学習6日目　電卓による応用計算

4　仮払旅費の精算

出張から戻ったNさんから下記の出張精算書を受け取りました。
Nさんからおつりをもらうか、不足分を支払うかどちらでしょう？

```
            出 張 精 算 書
   1. 交 通 費  @ 4,500 円 × 4 ＋ 180 円 (       )
   2. 宿 泊 費  @ 8,000 円 × 2 泊     (       )
   3. そ の 他  コピー代 @ 10 円 × 5 枚
               得意先接待  12,300 円  (       )
                                     (       )
   4. 仮払出張費                        40,000
   5. 精 算 額                        (       )
```

これはメモリー計算をすればいいんだよね。でも最後の精算額がどっちかっていうのが大事だね。

メモリー計算も ＋ × キーが複雑に絡むから注意が必要だよね。

ところでその他にある「得意先接待」ってなんなの？　アヤシイ〜。

140

精算額は最後に出てくる

まずは合計でいくら使ったか計算するんだよね。

1. 交通費：＠ 4,500 円 × 4 ＋ 180 円　　＝ 18,180 円
2. 宿泊費：＠ 8,000 円 × 2 泊　　　　　 ＝ 16,000 円
3. その他：＠ 10 円 × 5 枚 ＋ 12,300 円　＝ 12,350 円
　　　　　　　　　　　　　　　　　　　　46,530 円
　　　　　　　　　　　　　仮払額　　　　40,000 円
　　　　　　　　　　不足分として支払　△ 6,530 円

操作例

```
                40,000  M+
4,500  ×  4  +  180  =  M−
        8,000  ×  2  =  M−
10  ×  5  +  12,300  =  M−
                    MR  − 6,530 …不足
```

電卓では最初に 40,000 円を M+ で入力しておくことがポイントかな。

学習6日目　電卓による応用計算

5 グループを分けるなら

P社の営業セクションには3つの課があり食品90名、衣料60名、雑貨30名です。今回雑貨部門を解散して、食品と衣料部門に配置替えをします。

食品と衣料の今いる人数の割合で雑貨部門の30人を分けると、食品部門は合計何人になりますか。

これは雑貨の30人を2つの部門にそれぞれ90対60で分けるということよね。簡単、簡単〜。

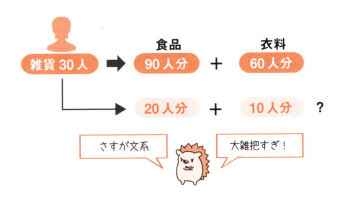

ちょっと待って！　根本的に分ける割合が90対60になってないよ〜。

📝 90：60 は 3：2 のことです！！

そもそもの割合をよく考えなければダメってことね。

食品部：30 人 × $\dfrac{90 人}{90 人 + 60 人}$ ＋ 90 人 ＝ 108 人

衣料部：30 人 × $\dfrac{60 人}{90 人 + 60 人}$ ＋ 60 人 ＝ 72 人

（3：2 で分ける）

操作例

90 [＋] 60 [＝] [M+]
30 [×] 90 [÷] [MR]
　　　　[＝] 18
　　　　[＋]
90 [＝] 108 …食品部人数合計

まず配分の基本となる 90 人と 60 人を [M+] に入れてしまうことがポイントだからね。

分かれ分かれになっても雑貨部門の 30 人は今後も頑張ってほしいね。

6 結婚している人としていない人

P社の人事部で、各部署別に既婚者と未婚者の割合を調べました。

部署	合計	既婚者	未婚者
財務	20%	70%	30%
営業	50%	60%	40%
総務	30%	20%	80%

総務部の未婚者割合が高く、その実際人数は36人だそうです。この会社の全体人数は何人でしょう。

会社って、本当にこんなことやってんのかな～。
でも、これってセクハラじゃないの！？

会社じゃ家族手当ての支給とかのことがあるからね。

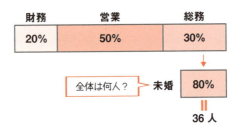

全体割合から順番に計算する

総務が全体の 30％ でその中の 80％ ということは〜…。

全体割合：100％ × 30％ × 80％ ＝ 24％
（会社）（総務部）（未婚者）（全体割合）

この 24％ の人数が 36 人ならば…

⬇

全体人数：36 人 ÷ 24％ ＝ 150 人 …全体人数

これをひとつの分かりやすい算式で示したら、電卓ではどうやって計算すればいいかわかるかな。また ÷ MR = を使うからね。

$$\frac{36 人}{1 \times 0.3 \times 0.8} = 150 人$$

操作例

1 × 0.3 × 0.8 ＝ M+

36 ÷ MR

＝ 150 …会社全体人数

全体割合の 24％ が 36 人になっているということに注目しなければダメだよ。

学習6日目　電卓による応用計算

7 資料の中の割合を求める

　ある中学校は、A町、B町、C町の3つが学区で、学年別の通学生の数は次のとおりです。

学　生	A町	B町	C町
1年生	10人	30人	20人
2年生	20人	40人	30人
3年生	10人	10人	30人

　1年生のA町とB町、C町から通学している生徒の数を％で表してみましょう。

これは簡単だよ！表全体の人数を計算して総生徒数を求めれば、それぞれの割合は出るよね。

　　　A　町：10　人
　　　B　町：30　人　　÷　全校生徒数　＝　各割合
　　　C　町：20　人

たしかに考え方は正しいね。でもこれを電卓だけでスムーズに計算できるかな？

GT キーとメモリーキーを活用する

まず表の合計を GT で求めます。この数字を定数除算(じょうすうじょさん)の機能を使って各割合を求めることになります。

	A 町		B 町		C 町		
1 年生：	10 人	＋	30 人	＋	20 人	＝	60 人
2 年生：	20 人	＋	40 人	＋	30 人	＝	90 人
3 年生：	10 人	＋	10 人	＋	30 人	＝	50 人
							200 人

$$\left.\begin{array}{l} \text{A 町 10 人} \\ \text{B 町 30 人} \\ \text{C 町 20 人} \end{array}\right\} \div 200 \text{ 人} \left\{\begin{array}{l} = 0.05 \cdots 5\% \\ = 0.15 \cdots 15\% \\ = 0.1 \cdots 10\% \end{array}\right.$$

操作例

$$10\ [+]\ 30\ [+]\ 20\ [=]\ 60$$
$$20\ [+]\ 40\ [+]\ 30\ [=]\ 90$$
$$10\ [+]\ 10\ [+]\ 30\ [=]\ 50$$
$$[GT]\ 200$$
$$[M+]$$
$$10\ [\div]\ [MR]\ [\%]\ 5 \cdots\cdots 5\%$$
$$30\ [\div]\ [MR]\ [\%]\ 15 \cdots 15\%$$
$$20\ [\div]\ [MR]\ [\%]\ 10 \cdots 10\%$$

うわぁぁ。難しいのでパスしたい気分〜。

学習6日目　電卓による応用計算

8 割引料金の合計はいくらに？

　あるペンションでは大人1泊5,000円、子ども3,000円で、6人以上で宿泊するときは大人は20％、子どもは10％offになるそうです。
　いま大家族7人（大人4人、子ども3人）で3泊を考えていますが、宿泊代（しゅくはくだい）の合計はいくらになりますか。

いろいろな条件が出てくるから、何をどう考えていいのかわかんないよ～。

ポイントは大人が20％、子どもが10％offになって、1泊いくらの料金かを考えることだね。

 大　人：＠5,000円 ×（1 − 0.2）＝ ＠4,000円

 子ども：＠3,000円 ×（1 − 0.1）＝ ＠2,700円

あとはそれぞれの延べ宿泊数を考えればいいね。

 大　人：4人 × 3泊 ＝ 延12泊

 子ども：3人 × 3泊 ＝ 延　9泊

割引料金と延べ宿泊数で計算

1人当たりの割引料金と延べ宿泊数で計算することができるよね。

大　人：＠5,000円 ×（1 − 0.2）× 4人 × 3泊 ＝ 48,000円
子ども：＠3,000円 ×（1 − 0.1）× 3人 × 3泊 ＝ 24,300円
　　　　　　　　　　　　　　　　　　　　　合計　72,300円

操作例

1 [−] 0.2 [×] 5,000 [×] 4 [×] 3 [=]
　　　　　　　　　　　　　　　[M+]

1 [−] 0.1 [×] 3,000 [×] 3 [×] 3 [=]
　　　　　　　　　　　　　　　[M+]
　　　　　　　　　　　　[MR] 72,300 円

電卓操作より、割引料金のことや延べ宿泊数の考え方が大事みたいな感じがするね。

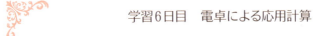

9 バーゲン品の元値はいくら

春物のバーゲン会場で、これからにぴったりというスカート 11,900 円を発見しました。しかも 30% off。これはゲットと思いました。しかし元の売値(うりね)は、いったいいくらだったのでしょうか。

 バーゲンセールの何% off というのは、何だか魔法みたいなパワーがあるよね。

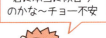

値段よりセンス!!

 本当は冷静に商品の価値と値段を考えるべきだけどね。

$$\frac{¥11,900}{100\% - 30\%} = ?$$

 女子にとっては、値段より自分に似合うかどうかが重要なのー。

🖊 オフプライス分を考える

よく考えると次のような状態になっているよね。

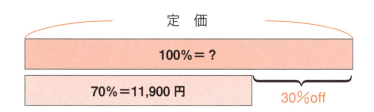

これって、定価 × 0.7 = 11,900 円ということだよね。

これをもとにきちんと算式にすると定価は次のようになるよね。

学習6日目　電卓による応用計算

10 見込利益を計算してみる

　Ｔ社は仕入れた商品原価の10％に相当する利益を加算して販売価格を決定しています。いま商品89,000円を仕入れ、仕入運搬費が1,000円発生し、これも仕入原価とみなします。
　Ｔ社のこの商品の見込利益割合を計算してください。

商品の仕入原価は運賃も加えた金額と考えれば仕入値はいくらだろう。

仕入値　　89,000円 ＋ 1,000円 ＝ 90,000円

ちょうど10％だから10,000円の利益を見込んで売値は100,000円ということだよね。

もう少ししっかり考えてよ。正解は次の通りだよ。

　　　　　　仕　入　値　　　見　込　利　益　額　　　売　　値
正解　　90,000円 ＋ 90,000円 × 10％ ＝ 99,000円

見込利益割合って何

見込利益割合というものがあって次のような考え方をします。

$$見込利益割合 : \frac{売値 - 仕入原価}{仕入原価}$$

ということでT社の見込利益割合は10％だから次のようになるんだ。

$$\frac{99,000円 - (89,000円 + 1,000円)}{89,000円 + 1,000円} = 10\%$$

そもそも仕入原価の10％に相当する利益を加算していたんだから当然同じ割合になるわけね。

操作例

89,000 [+] 1,000 [=] [M+]
89,000 [+] 1,000 [−] 99,000 [=] − 9,000
　　　　　　　　　　　　　　　[+/−]
　　　　　　　　　　　　　　　[÷] [MR]
　　　　　　　　　　　　　　　[%] 10…10％

仕入原価に加算されている利益の割合を出しているよ。

学習6日目　電卓による応用計算

11 値引分から売値を逆算する

　H商品を仕入れ1個当たり300円の利益を付加して定価としていました。もしこの商品を定価の20%引きで販売しても、なお1個当たり100円の利益が計上できるそうです。
　このH商品の仕入値を求めてみましょう。

これは定価の20%が、利益のどの部分に該当するのかがわかれば簡単に仕入値が出てくるね。

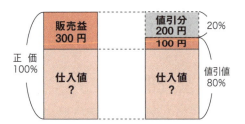

図をよく見ると値引分の20%が利益の200円になってるところがヒントだね。

それで、答えはわかるかな？？

割り算の意味が理解できるか

値引分 200 円が 20％に相当するということはどうだろう？

値引利益相当額 ÷ 値引割合 ＝ 正　価

正　価：200 円 ÷ 20 ％ ＝ 1,000 円

仕入値：1,000 円 － 300 円 ＝ 700 円

操作例

200 ÷ 20 ％
＝
300 ＝ 700 …仕入値

ちなみに方程式で売値を x、仕入値を y とすると次のようになるね。

$$\begin{cases} x - y = 300 \\ 0.8x - y = 100 \end{cases}$$

こうなると数弱には宇宙のことだよ

これチョー難しい〜。電卓操作以前の問題だよ。

学習6日目　電卓による応用計算

12 販売益の総額を計算する

　M社では600円で600個仕入れた商品に、30%の見込利益を加算して500個販売しました。ところが100個が売れ残っているため、定価の10%を値引してすべてを販売しました。M社のこの商品600個を販売したことによる販売益(はんばいえき)の総額を求めてください。

 これは、こんな図を書いてみたけどどうかな？

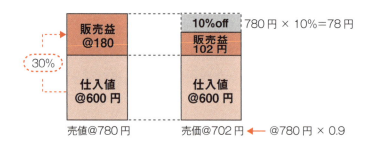

 凄いよ！！　完璧なんじゃないのー。

 あとは、それぞれ何個ずつ売れたんだっけ？

販売益合計はやっぱりメモリーで

　左ページの図で正価と値引のときの利益が出ました。あとはこれに、それぞれ販売された商品の数を掛ければ、販売益の総額を求めることができます。

正価分
@600円 × 0.3 × 500個 = 90,000円

値引分
（@600円 × 1.3 × 0.9 － @600円）× 100個 = 10,200円

→ 計 100,200円

操作例

600 × 0.3 × 500 = M+ 90,000
600 × 1.3 × 0.9 －
600 × 100 = M+ 10,200
　　　　　　MR 100,200…販売益総額

正価分と値引分をそれぞれメモリープラスとしているんだよね。

少しずつメモリーの使い方も理解してきたみたいだね！

学習6日目　電卓による応用計算

13 ネットオークションで売ったとき

　昨年の秋に買った赤と青の各 4,000 円のセーター。今年の春にインターネットオークションで、赤は 500 円、青は 1,000 円で売りました。だいたい 2 着合計で 20 回位しか着ていません（涙）。
　このセーターは 1 回着ていくら位だったと考えたらよいでしょうか？

洋服とかって、古くなっても、やっぱり買ったときの値段で考えちゃうよねー。

少ししか着てなくて、あんまり古くなっていないという気持ちも分かるけど、いくらなんでも…のびのびじゃねー。

古くなったらどんどん処分！また新しく買おう。これぞオシャレのオキテだよ！

1回着てどのくらいの金額になるのか

20回位しか着てないけど1回分にするとそうでもないね。

$$\frac{(4,000円 - 500円) + (4,000円 - 1,000円)}{20回} = @325円$$

操作例

```
              20 M+
4,000  −  500  =
4,000  −  1,000  =
              GT 6,500
              ÷ MR
              = 325 …1回分
```

古いままタンスにしまっておいても、どうせ来年は新しいものを買うんだから、どんどん処分しちゃった方が良いんだよね。

学習6日目　電卓による応用計算

14 販売戦略を考える

アメリカから新しく上陸したチックチャックバーガーの影響で、売上が減少したキングドナルドバーガー。12月から1個200円の売価を10%値引きして販売することになりました。

| 11月の営業状況 |

$$(@200円 - @130円) \times 1,000個 - 40,000円 = 30,000円$$
　単価　　　原価　　　販売個数　　諸経費　　　利益

12月はこの10%値引きを考慮して、何個以上販売すれば11月と同じ利益をあげられますか？

売上高UPのための、値引きキャンペーンは経営者がよく考えるんだけど、それだけだと利益は減るんだ。

利益維持方法 ── 売上数量の大幅UP
　　　　　　 └─ 原価、諸経費の削減

何かそれなりに売れれば同じだと思うんだけど、なかなか経営って難しいんだねー。

160

1個の利益を全体費用や利益と比べる

値下げした1個@50円の利益で、諸経費と利益の合計を割れば販売数量を求めることができるよ。

1個あたりの利益：$200 円 \underset{値下後売値}{\times 0.9} - \underset{原価}{@130 円} = \underset{利益}{@50 円}$

目標販売数量：$\dfrac{40,000 円 + 30,000 円}{@50 円} = 1,400 個$

販売価格を10%値下げしたら、従来と同じ利益を出すためには販売個数を40% UPして、1,400個も売らなければならないね。

12月利益：$(@200 円 \underset{値下額}{\times 0.9} - \underset{原価}{@130 円}) \times \underset{販売数量}{1,400 個} - \underset{諸経費}{40,000 円} = \underset{利益}{30,000 円}$

操作例

200 × 0.9 − 130 = M+
40,000 + 30,000 ÷ MR
　　　　　　　　　= 1,400 …販売数量

売れない物はいくら値下げしても売れないのが現実だよ〜。

学習6日目　電卓による応用計算

15 大の月と小の月の区分

　得意先に未回収になっている売上代金50万円の請求をしたところ、得意先から100日後の日付の約束手形をもらいました。
　この手形の日付は12月8日です。この日から数えて100日目は何月何日でしょうか？

そもそも「手形」っていったい何なのよー。

支払うべき日付と金額が書いてある証書をいうんだ

その日付に50万円支払えないときはどうなるの？

約束手形　→　不渡手形　恐ろしいことに…

：不渡手形を出した会社は、日本全国の
　　　　　いずれの銀行とも取引ができなくなる。

31日と30日の月があります

1年間のカレンダーをよく見ると、31日と30日の月があります。

31日に満たない月は、2月・4月・6月・9月・11月だね。これをニシムクサムライというゴロで憶えよう。

に　し　む　く　さむらい
2、4、6、9、11

11は漢字で書くと十一だね。この上下を縦にくっつけると士という字に似ていて、それでサムライと読むんだ。

12月（12／8～12／31）……24日 ┐
1月（大の月）……………………31日 │ 100日目だから、
2月（小の月）……………………28日 │ 日付は3月17日
3月17日……………………………17日 ┘

操作例

8日からなので
31－8+1とする

31 [－] 8 [＋] 1 [＝] [M+] 24…12月分
31 [＋] 28 [＝] [M+] 59…1、2月分
　　　　　　　　[MR] 83…12～2月合計
　　　　　　　　[－]
100 [＝] －17
　　　　　　　[+/-] 17…3月17日

学習6日目　電卓による応用計算

16 鶴亀算を解いてみる

　N子さんは文具店に買い物に出かけて＠150円のボールペンと＠100円の消しゴムを合計で12個買って1,600円の支払いをしました。ボールペンと消しゴムをそれぞれいくつ買ったでしょうか。

昔この鶴亀算（つるかめざん）っていうのをやったよねー。鶴は寿命（じゅみょう）が千年で、亀は万年だから寿命が合計1万1千年ってことだよね。

何かすごい考え方で、さすが文系ってかんじだね。鶴亀算はそれぞれの足の数を考慮（こうりょ）してその数を考える計算なんだ。

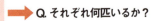
鶴の足2本　—　足が24本
亀の足4本　—　全部で7匹　→ Q. それぞれ何匹いるか？

全部で何匹だかわからないけど、鶴の数をx、亀の数をyとすると〜…。

$$\begin{cases} 2x + 4y = 24 \\ x + y = 7 \end{cases}$$

算式は立てられても解けないよね。鶴は2羽、亀は5匹じゃないかな。

相互の差から考えてみよう

 鶴亀算っていうと小学校の算数の応用問題の王道(おうどう)だけど、大人は方程式にしないと答えが出せないよね。

12個全部消しゴムを買ったことにすると

　　　全部消しゴム：@100円 ×　　12個 = 1,200円
　　　おつりの金額：1,600円 − 1,200円 = 　400円

ボールペンと消しゴムの差額は

　　　@150円 − @100円 = 50円

400円をこの差額で割ったものがボールペンの数になる。

　　　400円 ÷ 50円 = 8本

$$\frac{1{,}600円 − @100円 × 12個}{@150円 − @100円} = 8本$$

　　ボールペン：@150円 × 8本　　　　= 1,200円
　　消 し ゴ ム：@100円 × (12個 − 8本) = 　400円
　　　　　　　　　　　　　　　　　　　　1,600円

操作例

150 [−] 100 [=] [M+]
100 [×] 12 [−] 1,600 [=]
[+/−]
[÷] [MR]
[=] 8…ボールペンの数

学習6日目　電卓による応用計算

17 営業担当者は旅人でもある

営業担当者Aは1日だいたい6件くらいの契約を取ってきます。Bはもっと頑張って1日だいたい8件くらい契約してくるのですが、10月は月初に5日間休んでしまいました。10月中に、BはAの契約数に追い付くことができるでしょうか？

この例は小学校6年生で学習する旅人算の典型的な問題だね。

ポイント1　Aが先行した5日分の契約数を出す
6件 × 5日 = 30件

ポイント2　AとBの一日当たりの契約数の差を出す
8件 − 6件 = 2件

ポイント3　30件をAとBの1日2件の差で割ると追い付く日数が出る
30件 ÷ 2件 = 15日

電卓の操作よりも考え方を理解する

 問題は今月10月中に追い付くかということだから15日で10月中に「追い付くことができる」が正解だね。

$$\frac{6件 \times 5日}{8件 - 6件} = 15日$$

A: 6件 × 5日 + 6件 × 15日 = 120件（先行した5日分／追い付く日数分）

B: 8件 × 15日 = 120件

操作例

8 − 6 = M+
6 × 5 ÷ MR
= 15 …追い付く日数

注意 15日だから、週5日制として3週間で追い付くことになります。

 Life is a Journey. 人生は旅だよね～。

学習6日目　電卓による応用計算

18 あいまいな領収証

　営業がよく使うカラオケスナックでもらってくる領収証は、明細がよくわかりません。交際費課税のことがあるので聞いてみました。

> 5人で行ったときには 35,000 円
> 2人だけなのになんと 17,000 円

　テーブル・チャージ料（一律一括）と1人前の飲食代（常時一定額）を計算することはできないでしょうか。

これは小学校5年生で勉強する和差算の計算だね。次のような図を書けば簡単に計算できるよ。

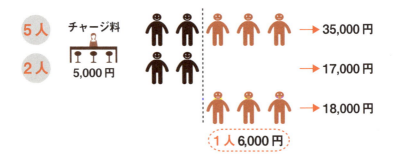

5人と2人の差から1人分の料金を出すということね。でもテーブル・チャージ料って何なの？

テーブル・チャージ料と飲食代

 テーブル・チャージ料っていうのは座席料のようなもので、怪しい料金のことじゃないからね。

(1) 5人と2人のときの料金差

$$35{,}000\text{円}\underset{5人のとき}{} - 17{,}000\text{円}\underset{2人のとき}{} = 18{,}000\text{円}\cdots 3人分に相当$$

(2) 1人分の飲食代

$$18{,}000\text{円} \div 3\text{人} = 6{,}000\text{円}\cdots 1人分$$

(3) テーブル・チャージ料

5人：35,000円 − @6,000円 × 5人 = 5,000円
2人：17,000円 − @6,000円 × 2人 = 5,000円

(4) 簡単な算式による1人分飲食代

$$\frac{35{,}000\text{円} - 17{,}000\text{円}}{5\text{人} - 2\text{人}} = 6{,}000\text{円}$$

 操作例

5 [−] 2 [=] [M+]
35,000 [−] 17,000 [÷] [MR] [=] 6,000…1人分飲食代
[×]
5 [−] 35,000 [=] −5,000
[+/−] 5,000…チャージ料

学習6日目　電卓による応用計算

19 2台のコピー機で印刷する時間

　会社の事務室にはAとBの2台のコピー機があります。Aは1分間に20枚、Bは1分間に30枚コピーできます。
　いま1,500枚の資料をこの2台を使って同じ時間でコピーしたいのですが、ABそれぞれ何枚ずつコピーすればいいでしょう？

これは小学校6年生で勉強する仕事算（しごとざん）の問題だよ。一定量を共同で作業して完成させると考えてみよう。

$$\frac{印刷総数}{A、Bの1分間の合計枚数} = 所要時間$$

A、B2台のコピーでは1分間に合計50枚コピーできるから、1,500枚をこの50枚で割って計算することができるね。

所要時間： $\dfrac{1,500枚}{50枚} = 30分$

文系もだんだんキレが良くなってきたんじゃなーい！

30分でコピーできる枚数

同時にコピーして30分で完了するから、あとはAとBでコピーする枚数を計算すればいいよね。

$$\frac{1,500枚}{20枚 + 30枚} = 30分$$

Aコピー：@20枚 × 30分 = 600枚 ┐
Bコピー：@30枚 × 30分 = 900枚 ┘ 1,500枚

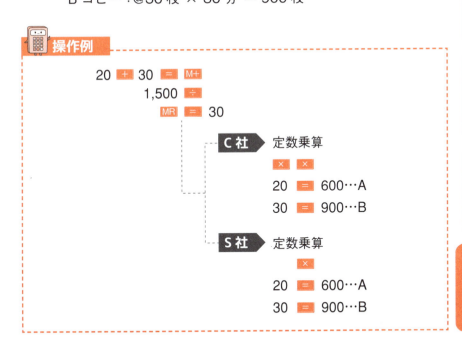

えへへ！ なんだか算数もこうやって電卓を使って考えると楽勝だね。

Column

技術の進歩に感謝!

　21世紀の現在では、電卓は残念ながらパソコンやスマホのように、注目を集めるツールではありません。

　しかしながら、会社の中にある総務や経理、また会計関係の受験界などでは、まだまだとても重要なアイテムです。そんなこともあり、現在でも少しずつですが電卓の機能は進歩しています。せっかく新しい電卓を買うなら、少々高くても最新のものを手に入れてください。幸いにして現在の電卓は丈夫で長持ちします。

　ちなみに私がいま使っている電卓は11年目ですが、未だ壊れることなく毎日現役バリバリで、これからも使い続けるつもりです。

　皆さんも長く付き合えるパートナーとして良い電卓を手元においてください。

7日目
7 days challenge

簿記知識の応用

本書の読者は、仕事で電卓をよく使うのでもっと速く、正しく電卓の操作をしたいと考えている人達と、もう一方で簿記のライセンス、たとえば日商簿記受験などのために役立てばと考えている人達がいると思います。
著者としては、いずれの目的のためにということを、あまり意識せずにここまでいろいろと説明をしてしまいました。ただ最後に電卓アドバイザーとしてというよりも、簿記、会計の先輩として簿記学習者向きの専門的アドバイスを少々させてください。

学習7日目　簿記知識の応用

1 特別な操作能力は必要ない

　簿記の受験を前提に電卓の操作を考えると、何か高度な操作能力を必要とするように思えるかもしれません。

　しかし実際は、普通に簿記の勉強をしていれば、電卓操作は自然に上達し、いつのまにか達人になっています。

何か簿記イコール電卓っていうイメージあるよね。実は私も簿記検定を受けようと思ったんだけど、電卓のことが心配なんだ。

そういう人にこの本を読んでもらいたかったから、簿記のための電卓の話ができて嬉しいよ。

ここまで読んでだいたい電卓の基本的機能のことはわかったんだけど、この先どうすればいいのー。

簿記の学習のためには、注意すべき点がいくつかあるから説明するよ。

簿記電卓操作 5つの鉄板ルール

簿記の勉強をするときには電卓を使用して、すべての計算を行います。つまり電卓を上手に操作することが、正解を出す上でもひじょうに重要なのです。

簿記学習者の電卓操作 5大ルール	
1位	メモリー機能を完全にマスターする
2位	速打（はやうち）は数字の速読（そくどく）が前提
3位	同じ指で同じキーを押す
4位	ブラインドタッチができるようにする
5位	左手操作が常識

これが簿記受験界に伝わる5つの秘伝（ひでん）なのだ。
5位の左手操作は慣れるまで大変だけど、簿記受験には大きなアドバンテージになるよ！

まとめ

簿記をこれから勉強しようという人には、少々不思議（ふしぎ）なイメージがあるかもしれません。しかし、これらには、受験のためという理由があるのです。

学習7日目　簿記知識の応用

2 長大な見取算でなく細かい計算

　簿記の入門から、さらに国家資格の公認会計士や税理士までの試験を考えると、どんどん難しいことを勉強するのは当たり前です。
　それなら電卓操作もどんどん高度になるのかといえば、操作そのものは入門時の操作能力以上のものは必要ありません。つまり基本の操作が大事ということです。

何か公認会計士の試験なんていうと、その名前だけで別世界って感じだよね。

たしかに合格率が10％前後だから難しい試験であることは確かだよね。

そこまでいかなくても、私は日商簿記3級か2級くらいが欲しいんだけど。

入門時から電卓に触っていれば、だんだん上達するから心配ないけど、君の場合、簿記のことが分かるかどうかが問題なんだよね～。

計算パターンは同じなので同じ操作でOK

簿記の試験は珠算検定（そろばん）のように、上位級になるほど桁数が多くなるということはありません。

珠算検定見取算

7級 → 3級（スピード力） → 1級（長大な計算）　LEVEL UP

```
    86          3,587        3,827,865
    15         51,862       53,263,513
    14          2,513        1,341,351
+   ⋮      +     ⋮      +      ⋮
    ?           ?            ?
```

日商簿記検定3級も公認会計士試験も桁数はほぼ同じで、同じような計算をするんだ。

簿記3級や会計士試験ではスピードよりも正確性が大切

$$\frac{124{,}000\text{円} \times 0.9}{5\text{年}} \times \frac{6\text{ヵ月}}{12\text{ヵ月}} = ?$$

まとめ

簿記の学習では、できるだけ速く算式をイメージして、電卓を速く正確に打つ総合的な計算能力のようなものが必要だということです。

学習7日目　簿記知識の応用

3 まずはメモリーを完全マスター

　これまで学んだように、電卓には四則計算の  以外にメモリー機能があります。簿記の試験では、このメモリー機能を、使いこなせるかどうかが、計算のスピードに大きく影響します。

 この本でもここまでで何度もメモリー計算って出てきたけど、まだ使い方って、よくわからないよー。

 それならできるだけ早くメモリー操作をマスターしなくちゃダメだよ。

 簿記の勉強をするとすぐメモリーを使うことになるの？

 しばらくは 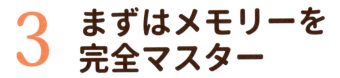 だけだけど、メモリーの使い方を知っていれば、先々簿記以外のところでも使えるからね。

🖋 できるだけ早い段階から使いこなす

　簿記学習では、まず計算式をメモ書きして、これを参考に電卓を操作して答えを出すという作業が基本です。メモ書き、電卓操作という方法は、日商簿記3級から公認会計士までの、すべての受験勉強で共通に行われます。

　このため入門段階から、メモリー計算ができるようにしておくことが理想です。

メモリー計算OK

メモリー機能をどんどん使うから計算もサクサク解けて時短になってる！

メモリー計算不安！

それぞれ計算した結果を手書きしてから合計してるから、ミスも多いし、なかなか終わらない。

メモリー計算ができるできないで簿記の実力は大きく差がつくんだ！

まとめ 🖋
メモリー機能を使うことを億劫(おっくう)がらないで、普通のキーと同じようにドンドン使って、早くその操作に慣れるようにしてください。

学習7日目　簿記知識の応用

4 数字の速読が速打を可能にする

　電卓のキー操作は、できるだけ速く華麗(かれい)にやりたいものです。この速く入力することを「速打(はやうち)」といいます。ただこの速打のためには数字を瞬時に読み取る「速読(そくどく)」ができなければなりません。この数字の速読のためには基本トレーニングをする必要があります。

何か会社に凄いスピードで電卓打っている人がいて、よく聞いたら簿記の勉強してるんだってー。

やっぱり簿記の勉強では、電卓の速打というのはだいじなスキルだからねー。

でも勉強してれば、電卓って自然に速く打てるようになるんじゃないのー。

ただ速打のためには、その基本になる数字の速読が絶対に必要なんだ。

📝 数字の速読ってなに？

電卓にはペーパーの上に並んでいる数字を入力します。どうでしょう、次のような数字を入力するなら、みなさんはどうやってこれを読み取り指を動かしますか。

| 7桁 | ¥2,816,495 |

この数字を打ち込むとき、2→8→1→6→4→9→5と、ひとつずつ数字を確認して入力する人は少ないはずです。2,816,495という数字全体を頭に入れて、電卓に打ち込むはずです。

数字の速読とは、一瞬で数字を読み取り、これを記憶し、より速く電卓に打ち込むという技術です。

①記憶
②打ち込む

数字をチラッと見て、その全てを頭に入れて、電卓に入力する！この流れを速く行うのが速読、速打なんだ。

まとめ 📖

速打のためには、数字を一瞬で読み取ることを心掛けて、勉強しているときや仕事のときに、速読の訓練をする必要があります。

学習7日目　簿記知識の応用

5 同じ指で同じキーを押すこと

　電卓は複数の指で、多くのキーを操作しなければなりません。このときに指の癖(くせ)や数字の配列などにより、ひとつのキーを違う指で押すことがあります。

　しかしこれは電卓操作ミスにつながります。

　このミスを防止するためには、同じ指で同じキーを押す訓練をする必要があります。

電卓は特別な練習とかしなくても、誰でも何となくできちゃうから、個人の指の癖ってすごく出ちゃうよねー。

特に電卓の同じテンキーを、いろいろな指で操作してる人が多いんだけど、これはミスの一番の原因なんだ。

だってそんなの、どの指でテンキーを押したって、同じ数字が入力されるから、どうでもいいんじゃないのー。

それだと桁数の多い数字になると、どうしても入力ミスをしちゃうんだ。

✏ 中心になる3本の指

電卓操作は右手か左手の人差指、中指、薬指の3本で操作します。

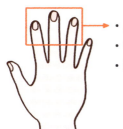
- 人差指
- 中指
- 薬指

どうしても人差指に頼りがちだよね

操作例

4 5 9 → 人差指、中指、中指

↕ 指が違う

2 5 3 → 人差指、人差指、中指

特にブラインドタッチをするようになると、違う指で同じキーを操作していると、必ずミスが発生するので、学習(操作)初段階から同じ指で同じキーを操作することを心がけましょう。

私はむかし、この同じ指での操作ができなくて、しばらく計算ミスが多くて、矯正(きょうせい)するのに苦労したんだ。

電卓の神にも、かつては至らない部分があったということだね。

学習7日目 簿記知識の応用

6 ブラインドタッチという方法

　電卓の速打には、テンキーなどをまったく見ないで操作する「ブラインドタッチ」という方法があります。パソコン等でも、キーボードを見ないで入力ができるのですから、同じことを電卓でもやってあげるということです。

エッヘン、私パソコンは小さいときからやってるから、ブラインドタッチできるし、ミスも少ないよ。

電卓はパソコンのキーよりずっと数が少ないから、ブラインドタッチは簡単にマスターできるよ！

パソコンがそうだったけど、別に普通に操作していれば、自然にブラインドタッチってできるようになるよね。

たしかにそうなんだけどいくつか注意点もあるんだ。

🖋 ブラインドタッチの注意点

　ブラインドタッチを早く自分のものにするためには、下記の点に注意しましょう。

1. 少しずつ電卓を見ないようにする

パソコンはブラインドタッチのとき、目線は原本資料や画面を見ています。
電卓のブラインドタッチも、計算式や問題資料のみを見て、できるだけ表示窓の数字は見ないように心がけましょう。

2. 必ず同じ指で同じキーを操作をする

この同じ指で同じキー操作ができないと、せっかくのブラインドタッチもミスが多発します。

急にブラインドタッチをするんじゃなくて、少しずつ自然にできるようになっていいんだね。

そのためにも上に載ってる注意事項が上達のコツだよ。

まとめ 🖋

ブラインドタッチは、スピードでなく正確性の方が大事です。曲芸のような速打を目指すのではなく、適当なスピードで正解が出せるように練習しましょう。

学習7日目　簿記知識の応用

7 電卓の左手による操作

　スマホを左手で操作している人がいれば、それはサウスポー（左利き）の人です。ところが簿記をはじめライセンス試験では、左手で電卓を操作するのが普通です。
　なぜ右利きの人がわざわざ左手で電卓を操作するのでしょう。それにはちゃんとした理由があります。

なんだか右利きの人が、わざわざ左手で電卓操作する意味ってわかんないー。

よく考えると右手はエンピツを持っているよね。さらに右手で電卓操作したらどうだろう。

そうか右手が1人2役をこなすってことになっちゃうかー。

右手のエンピツは譲れないとなれば、左手で電卓ということになるんじゃないかい。

左手操作のメリット

電卓を左手で操作すると次のようなメリットがあります。

1. 左手で電卓操作がいつでもできる

当然ですが左手はフリーですから、簡単な計算などでもすぐに電卓を操作できます。

2. 右手で問題資料を指差すことができる

右手はペンを持ち、問題等を人差指で指し示すことができます。この動作で数字読み間違い等のミスが減ります。

3. 問題を右手で触れることができる

問題等の資料を右手でめくったりしながら、左手で電卓操作ができます。

左手で電卓操作をすれば、利き手が空いて作業の効率がグンと上がるね！左利きの人だったら逆に考えよう。

まとめ

受験に際しては、2.の右手人差指による数字を指し示すというメリットが重要です。

●索 引

あ

以下	88
イコールキー	52
以上	90
オールクリア	54
OFFキー	44
オフプライス	151

か

家計簿	31
仮払額	141
元金	136
元本	137
キー操作	72
逆引き算	78
切り上げ	94
切り捨て	94
薬指操作	70
位取り	95
グランドトータルキー	58
クリアエントリー	56
クリアオール	54
クリアキー	56
クリアメモリー	118
経済的な知識	19
桁下げキー	60
交通費精算書	25

さ

差	75
サインチェンジキー	62
仕入値	152
仕事算	170
四捨五入	92
四則計算	74
商	75
小数点以下	130
小数点キー	82
小数点セレクターキー	130
定数加算	96
定数減算	98
定数乗算	100
定数除算	104
積	75
ゼロキー	50
全体割合	145
速読	180

た

大の月・小の月	162
旅人算	166
超	90
坪面積	107
鶴亀算	164
手形	162

Q 1週間で電卓操作のコツがわかる超入門

デリートキー……………… 60

テンキー………………… 46

電卓アプリ……………… 22

な

値上げ…………………… 112

年利……………………… 64

は

バーゲンセール……… 110

パーセントキー………… 84

端数処理………………… 131

バックスペース………… 60

速打（はやうち）………………… 68

販売益…………………… 156

左手操作………………… 175

表示窓…………………… 41

ファイナンシャル・プランナー37

複利……………………… 136

ブラインドタッチ……… 184

フロート・セット……… 128

分子分母の逆転………… 80

分数の割り算…………… 13

簿記検定………………… 37

簿記電卓操作…………… 175

ポジションキー………… 48

ま

見取算…………………… 73

未満……………………… 88

メモリーキー………… 116

メモリークリア……… 118

メモリープラス………… 122

メモリーマイナス……… 124

元値………………110・151

ら

ラウンド・セレクターキー128

利息計算………………… 134

旅費の精算……………… 140

ルートキー……………… 106

わ

和（わ）………………………… 75

和差算…………………… 168

割り勘計算……………… 138

割引計算………………… 110

割引料金………………… 148

割増計算………………… 112

189

この後の電卓操作について

本書読後の感想はいかがでしょうか。

ここまで電卓について、その機能や、操作方法また数学のことなどいろいろ説明しました。中にはなるほどと感心したような事項もあったでしょうか。

この後、さらに本書の特典として仕上げ確認問題の用意もあります。本書の理解をより深めたい方はぜひご利用ください。

また電卓操作の技能資格として「電卓検定試験」を実施している機関もあります。興味のある方は資格取得に挑戦してはいかがでしょうか。

いずれにしても本書の読者の皆さんが、この本で身に付けた電卓操作を実際に仕事の中で役立てたり、また簿記検定など資格試験に活用してもらえれば幸いです。

電卓のツールもパソコンやスマホと同じように今後の皆さんの生活の中で活用して頂くことが著者の希望です。

最後になりますが、本書出版にあたり関係者の方々にお世話になりました事をこの場をお借りして御礼申し上げます。

本書の特典のご案内

- ● **電子書籍**
  本書の全文の電子版（PDF）を無料でダウンロードいただけます。
- ● **仕上げ確認問題**
  本書の仕上げ確認問題（PDF）を無料でダウンロードいただけます。

「電子書籍」と「仕上げ確認問題」は、以下のサイトの「読者限定特典」ページからダウンロードいただけます。

（インプレス書籍サイト）URL：http://book.impress.co.jp/books/1124101122

※ダウンロードには、無料の読者会員システム「CLUB Impress」への登録が必要となります。

●著者紹介

堀川 洋（ほりかわ よう）

1955年	青森県生まれ
1977年	中央大学商学部経営学科卒業
	大原簿記学校講師就任
1978年	税理士試験合格
1984年	税理士登録
1990年	堀川洋税理士事務所開設
2006年	大原大学院大学教授就任
2010年	堀川塾代表

●研 修

NTT、日本生命、横浜銀行、住友林業、鹿島建設、SMBC、東京大学など

STAFF

編　　集	大西強司（とりい書房有限会社）
編集協力	小田麻矢
イラスト	野川育美　むくデザイン
カバー制作	井出敬子
編集長	片元諭

●著 書

『文系女子のための日商簿記2級［商業簿記］合格テキスト＆問題集』、『文系女子のための日商簿記2級［工業簿記］合格テキスト＆問題集』、『文系女子のためのFP技能士3級 音声付き合格テキスト＆演習問題』、『文系女子のための電卓操作入門』、『1週間でFP3級に合格できるテキスト＆問題集』、『1週間でFP3級の解き方がわかる問題集』、『文系女子のための日商簿記入門』、『1週間で簿記の基本がわかる超入門』、『1週間で電卓操作のコツがスッキリわかる超入門』［インプレス］

『堀川の簿記論 個別論編』、『堀川の簿記論 総合問題編』、『堀川の簿記論 新会計基準論』、『電卓操作の本』、『電卓操作完ぺき自習帳』、『最も効率的に理論暗記が可能になる本』、『1回の受験で簿・財に同時合格する本』、『1人で勉強して1回の受験で合格する日商簿記3級120％完全合格自習テキスト』、『1人で勉強して1回の受験で合格する日商簿記3級240％完全合格自習問題集』［とりい書房］

『かみくだき日商簿記3級』、『日商簿記2級［商業簿記編］』、『日商簿記2級［工業簿記編］』［学習研究社］

『はじめてでもわかる経理事務』、『建設業経理事務士2級』、『建設業経理事務士1級［財務諸表論］』、『財表暗記攻略マニュアル』［税務経理協会］

その他、受験雑誌などに執筆多数。

本書のご感想をぜひお寄せください

https://book.impress.co.jp/books/1124101122

読者登録サービス
CLUB impress

アンケート回答者の中から、抽選で図書カード(1,000円分)などを毎月プレゼント。
当選者の発表は賞品の発送をもって代えさせていただきます。
※プレゼントの賞品は変更になる場合があります。

■商品に関する問い合わせ先

このたびは弊社商品をご購入いただきありがとうございます。本書の内容などに関するお問い合わせは、下記のURLまたは二次元コードにある問い合わせフォームからお送りください。

https://book.impress.co.jp/info/

上記フォームがご利用いただけない場合のメールでの問い合わせ先
info@impress.co.jp

※お問い合わせの際は、書名、ISBN、お名前、お電話番号、メールアドレス に加えて、「該当するページ」と「具体的なご質問内容」「お使いの動作環境」を必ずご明記ください。なお、本書の範囲を超えるご質問にはお答えできないのでご了承ください。

● 電話やFAXでのご質問には対応しておりません。また、封書でのお問い合わせは回答までに日数をいただく場合があります。あらかじめご了承ください。
● インプレスブックスの本書情報ページ https://book.impress.co.jp/books/1124101122 では、本書のサポート情報や正誤表・訂正情報などを提供しています。あわせてご確認ください。
● 本書の奥付に記載されている初版発行日から3年が経過した場合、もしくは本書で紹介している製品やサービスについて提供会社によるサポートが終了した場合はご質問にお答えできない場合があります。

■落丁・乱丁本などの問い合わせ先
FAX 03-6837-5023
service@impress.co.jp
※古書店で購入された商品はお取り替えできません。

1週間で電卓操作のコツがスッキリわかる超入門

2025年3月11日 初版発行

著　者　　堀川 洋
発行人　　高橋 隆志
編集人　　藤井 貴志
発行所　　株式会社インプレス
　　　　　〒101-0051　東京都千代田区神田神保町一丁目105番地
　　　　　ホームページ　https://book.impress.co.jp/

本書は著作権法上の保護を受けています。本書の一部あるいは全部について（ソフトウェア及びプログラムを含む）、株式会社インプレスから文書による許諾を得ずに、いかなる方法においても無断で複写、複製することは禁じられています。

Copyright © 2025 Yo Horikawa. All rights reserved.

印刷所　　日経印刷株式会社

ISBN978-4-295-02121-6　C0034

Printed in Japan